山洪预警系统参考指南

Flash Flood Early Warning System Reference Guide

[美] 美国大学大气研究联合会　著

何秉顺　郭良　凌永玉　马美红　译

中国水利水电出版社
www.waterpub.com.cn
·北京·

图书在版编目（CIP）数据

山洪预警系统参考指南 / 美国大学大气研究联合会著 ; 何秉顺等译. -- 北京 : 中国水利水电出版社, 2018.10
书名原文: Flash Flood Early Warning System Reference Guide
ISBN 978-7-5170-7068-9

Ⅰ. ①山… Ⅱ. ①美… ②何… Ⅲ. ①山洪一预警系统一指南 Ⅳ. ①P426.616-62

中国版本图书馆CIP数据核字(2018)第245295号

书　　名	**山洪预警系统参考指南** SHANHONG YUJING XITONG CANKAO ZHINAN
作　　者	[美] 美国大学大气研究联合会　著 何秉顺　郭　良　凌永玉　马美红　译
出版发行	中国水利水电出版社 （北京市海淀区玉渊潭南路 1 号 D 座　100038） 网址：www. waterpub. com. cn E - mail：sales@waterpub. com. cn 电话：（010）68367658（营销中心）
经　　售	北京科水图书销售中心（零售） 电话：（010）88383994、63202643、68545874 全国各地新华书店和相关出版物销售网点
排　　版	中国水利水电出版社微机排版中心
印　　刷	天津嘉恒印务有限公司
规　　格	170mm×240mm　16 开本　14 印张　212 千字
版　　次	2018 年 10 月第 1 版　2018 年 10 月第 1 次印刷
印　　数	0001—1000 册
定　　价	**75.00** 元

译序

近几十年来，山洪灾害已经成为世界各类自然灾害的一个主要类型，每年因山洪灾害所造成的人员伤亡和社会经济损失占各类自然灾害的比例居高不下，并呈上升趋势。据世界气象组织（WMO）的调查统计，在所调查的139个国家中，把山洪灾害造成的损失排在各类自然灾害中第一位或第二位的国家有105个。根据全国山洪灾害调查评价成果，我国山洪灾害防治区面积约为386万km^2，约占我国陆地面积的40%；防治区内约有2.96亿人，占全国总人口的21.4%，我国山洪灾害的发生范围、活动强度、爆发规模、经济损失、人员伤亡等均居世界前列。

加强山洪灾害防治工作，特别是山洪预警系统的研发和建设，已成为世界上受山洪灾害威胁国家的共识。美国、日本、欧洲等国家和地区均已建设广泛覆盖的预警系统，在体系架构、预警指标确定、预警信息发布传播、韧性防灾社区培育等方面取得了丰富的经验。我国从2010年起，全面开展了山洪灾害防治项目建设，初步建立了山洪灾害防治非工程措施体系，包括以自动雨量站、自动水位站和监测预警平台为主体的专业监测预警系统，以基层责任制体系、防御预案、宣传、培训、演练和简易监测预警设施设备为核心内容的群测群防体系，显著提升了基层防御能力和信息化水平，在近年来的山洪灾害防御中发挥了巨大作用，有效避免和减少了人员伤亡与财产损失，2011—2017年山洪灾害年均死亡人数由项目建设前10年的年均1079人降至380人，降幅达65%。

我国山洪灾害防治工作取得了可喜成绩，但当前我国山洪灾害防治工作总体仍处于起步阶段，山洪灾害防治建设和防御工作任重而道远，需要长期投入和持续加强。鉴于山洪灾害具有局地性、突发性等特点，山洪灾害防治的难度高，有必要进一步借鉴国际的相关技术经验。

《山洪预警系统参考指南》由美国大学大气研究联合会（UCAR）的COMET®计划与美国国家海洋和大气管理局（NOAA）的工作人员共同合作完成，是一部系统阐述山洪预警系统的指南性专著，包括山洪科学、水文气象监测网络、预警中心基础设施、山洪预报子系统、预警信息的传播和传达、基于社区的灾害管理、端到端的山洪预警系统示例、山洪预警系统的运营理念等章节，旨在指导国家及各级应急管理部门、水文气象部门开发建立山洪预警系统，充分体现了美国山洪灾害防治领域的先进思路、理念、方法和经验。本指南还收录了一些国家和地区山洪预警系统的实际案例。相信本书的中文译本能够为我国山洪灾害预警系统建设和运行提供有益的借鉴和参考。

在本书翻译过程中，得到了长期从事山洪灾害防治研究相关专家的大力支持和帮助。中国水利水电科学研究院孙东亚教授级高级工程师、李昌志教授级高级工程师、刘昌军教授级高级工程师、李青高级工程师和涂勇高级工程师热情地参加了翻译文本和术语的讨论，美国俄克拉何马州大学洪真和中国成都信息科技大学郭曦蓉两位老师参加了部分翻译工作，研究生杨贵森和马珊对附图、参考文献进行了格式修改，译者对他们的真诚帮助表示感谢！

本书的翻译和出版得到国家重点研发计划(2018YFC150032)、中国水利水电科学研究院创新团队项目(JZ0145B2017)、北京市科委项目（z161100001116102）和湖南省重大水利科技计划项目（湘水科计〔2017〕230－35）的资助，译者在此深表感谢！

由于译者水平有限，敬请读者批评指正。

译者

2018年5月

致谢

本指南作为世界气象组织（WMO）自愿合作计划（VCP）的成果，由美国大学大气研究联合会（UCAR）的COMET®计划与美国国家海洋和大气管理局（NOAA）的工作人员共同合作完成。主要作者是Christopher D. Hill（COMET®计划）和Firoz Verjee（NOAA），Curt Barrett（NOAA退休）也给予了重要的贡献。

技术评审对保障指南质量发挥了重要作用。本指南的审核专家有COMET®计划的Patrick Parrish博士、Matt Kelsch和Jennifer Fraser；美国水文研究中心（HRC）的Robert Jubach博士，WMO的Maryam Golnaraghi博士、Claudio Caponi博士和Avinash Tyagi博士，NOAA的Jennifer Lewis、Lynn Maximuk、Steve Bua、Ernie Wells、Kelly Sponberg和俄克拉何马大学的Eve Gruntfest博士。

前言

地球上几乎每天都有灾难性山洪的发生。与各类洪水相比，山洪属于最危险的类型之一。它们可能改变河流走向，掩埋、摧毁洪水流路上的一切，甚至于会出现当地没有下雨也发生山洪的情况。因此，基于山洪预警系统开展山洪灾害防御，对挽救人们的生命及财产至关重要。

由于山洪成因的复杂性和相对高昂的开发与运行费用支出，只有很少国家开发并运行了山洪预警系统。幸运的是，随着新技术的发展，可以更加经济化并且轻松地从技术上实现山洪预报预警。目前世界上许多国家和地区都在着手建立局地、区域和全球等不同尺度的预警系统，争取在山洪发生时或发生前能够及时发出预警信息。

《山洪预警系统参考指南》由美国大学大气研究联合会（UCAR）的COMET®计划与美国国家海洋和大气管理局（NOAA）的工作人员共同合作完成，属于《多灾种预警系列参考指南》的第二卷成果。本指南为山洪预警系统的设计和运行提供了建议和指导。本书所阐述的典型案例已在世界许多山洪易发地区使用，而且已经被证明是成功的、有效的。基于本指南，政府及非政府组织的相关决策者可以更有效地理解山洪和山洪预警系统的要素。

本指南旨在指导国家及各级水文气象部门开发建立山洪预警系统，指南内容包括山洪科学、山洪预测方法、监测网络、技术基础设施、预警信息传播、基于社区的灾害管理、运营理念等内容，并附有一些山洪预警系统的案例。

NOAA 希望本指南能够指导各有关国家和社区建立山洪预警系统，以免受山洪威胁。我们致力于与世界各地的合作伙伴合作，不断提高对山洪灾害的认识，同步提高预测、预警、应对这些灾难的能力。

Jane Lubchenco 博士[1]

[1] Jane Lubchenco 博士为美国商务部主管海洋和大气的副部长。

目录

译序

致谢

前言

第 1 章　引言 …… 1

1.1　指南的目的 …… 4

1.2　预警系统的定义 …… 5

1.3　自然灾害管理的成本与效益 …… 8

1.4　指南的章节架构 …… 9

第 2 章　山洪科学 …… 12

2.1　本章内容 …… 12

2.2　山洪过程 …… 13

2.3　水文影响 …… 14

第 3 章　水文气象监测网络 …… 20

3.1　本章内容 …… 20

3.2　水文气象传感器 …… 21

3.3　通信要求 …… 31

3.4　监测设施设备供应商信息 …… 37

参考文献 …… 37

第 4 章　预警中心基础设施 …… 42

4.1　本章内容 …… 42

4.2 操作系统和硬件要求 …… 42
4.3 计算机应用程序 …… 44
4.4 备用能力 …… 46
4.5 维护要求 …… 49
第5章 山洪预报子系统 …… 53
5.1 概述 …… 53
5.2 山洪预报的不确定性 …… 55
5.3 本章内容 …… 56
5.4 局地山洪预警子系统 …… 57
5.5 山洪指导子系统 …… 61
5.6 全球山洪指导系统 …… 70
5.7 山洪预报子系统实例 …… 73
参考文献 …… 80
第6章 预警信息的传播和传达 …… 83
6.1 本章内容 …… 83
6.2 山洪预警产品 …… 84
6.3 传播 …… 87
6.4 传达 …… 93
6.5 研究和开发 …… 98
参考文献 …… 101
第7章 基于社区的灾害管理 …… 102
7.1 本章内容 …… 102
7.2 说服性的连续沟通模型 …… 103
7.3 社区备灾计划 …… 104
7.4 识别合作伙伴和客户 …… 107
7.5 韧性减灾社区构建计划 …… 108

7.6 发展伙伴关系并密切联系公众 …… 112
参考文献 …… 118

第8章 端到端的山洪预警系统示例 …… 120
8.1 本章内容 …… 120
8.2 美国山洪预警系统 …… 121
8.3 中美洲山洪指导系统 …… 125
8.4 意大利皮埃蒙特地区预警系统 …… 131
8.5 哥伦比亚阿布拉谷预警系统 …… 137
参考文献 …… 144

第9章 山洪预警系统的运营理念 …… 146
9.1 本章内容 …… 146
9.2 山洪预警系统运营理念的重要性 …… 146
9.3 系统工程生命周期过程 …… 147
9.4 运营理念定义 …… 148
9.5 运营理念的要素 …… 149
9.6 理念设计时应避免的常见错误 …… 151
9.7 运营理念需求清单 …… 152
参考文献 …… 155

附录A 专业缩略语 …… 156
附录B 局地实时自动评估系统和洪水综合预警系统 …… 170
附录C 山洪潜势指数 …… 177
附录D 山洪预警产品 …… 181
附录E 山洪指导技术方法简介 …… 193
附录F 通用预警信息协议 …… 200

译后记 …… 204

第1章 引言

几乎每天，我们都会听到地球上某个地点发生导致人员生命和财产受损的灾害新闻。严重的地震、台风和洪水灾害导致持续大范围的人员和财产损失，引发政府和公众的广泛关注。

在各种自然灾害中，山洪受到的关注较小，但根据世界气象组织（WMO）资料，山洪却是最致命的灾害（基于因山洪导致的死亡人数的比例）。山洪历时短，洪峰流量相对较高，发生频

山洪的定义

（1）WMO：山洪是持续时间短、洪峰流量相对较高的洪水。

（2）美国气象学会（AMS）：山洪通常发生在面积较小区域，当地发生强降雨，导致的迅速上涨和回落的洪水。

（3）美国国家气象局（NWS）[1]：山洪是在诱发事件（如强降雨、水坝故障、冰堵）发生后6h内，一种进入正常干旱区域的快速和极端的流量，或是一种高于预定洪水水位的河流或溪流的快速水位上升。然而，实际的时间阈值会随不同的地点而有所不同。如果大量降雨导致上升的洪水迅速溢出，持续降雨可能会加剧山洪。

---

[1] 原著中NWS（National Weather Service）直译为“国家气象服务”，本书译为“美国国家气象局”，是NOAA（其上级部门为美国商务部）下辖机构。

繁，但一般规模较小。山洪往往影响偏远地区、较贫穷的人员。某个山洪事件可能不会引起人们关注，但群发、多发的山洪灾害事件会严重影响地区发展。

有些山洪灾害造成了严重的破坏。1996年6月，意大利发生强降雨，不到6h降雨超过400mm，30min降雨达88mm，接近意大利的历史降雨极值记录。Versilia山区的Cardoso村损失严重，13人死亡。

2010年1月下旬，秘鲁Aguas Calientas镇发生山洪，导致前往马丘比丘遗址的4000名游客被困了近两天，直到直升机把他们带走。上涨的乌鲁班巴河（瓦尔诺塔哥）（图1.1）桥梁被冲走，多段铁路被摧毁。在洪水到来前13h，上游100km处的一个雨量站记录的降雨量达236mm。初步统计，此次山洪摧毁了2000户家庭的房屋。

图1.1　2010年秘鲁乌鲁班巴河山洪暴发

2009年9月，土耳其伊斯坦布尔市的Ikitelli地区附近下了整夜的暴雨，在第二天早晨，高达2m的山洪冲过城市的商业区，导致13名在卡车驾驶室内睡着的司机、7名去纺织厂上班的妇女死亡。许多人被迫爬上屋顶和车顶来躲避洪水，最后采用直升机或绳索救援，此次山洪摧毁了很多家庭、企业和农场。据气象学家研究，此次导致山洪暴发的降雨是近80年来最严重的，土耳其总理甚至称之为“本世纪的灾难”。

在美国，即使采用了最先进的预报预警设备，也不能完全避免洪水导致的人身伤害和财产损失。2003年，堪萨斯州中西部一个流域面积仅$5km^2$的山洪沟（Jacab Creek）3h降雨达150～200mm。几小时后，洪水流入一个叫做“泽西”的大坝并受阻挡，洪水改道，形成了2m高的水墙，并横扫了得克萨斯州的一条主要州际高速公路。一位目击者说，12个4.5t重的混凝土墩像羽毛一样飘走，桥上的7辆汽车紧随其后，最终导致6人死亡，其中包括一位母亲和她的四个孩子以及一位从车中出来帮助别人的热心人。尽管隶属于美国国家海洋和大气管理局（NOAA）的NWS已经在当天发布了该地区“山洪警戒”（Flash Flood Watch）级别的提醒信息，但并没有发出“山洪警报”（Flash Flood Warning）级别的信息。

一般来说，山洪是由暴雨引起的，但溃坝、溃堤、冬季和春季河流发生的冰坝溃决也可能导致山洪发生。随着城市的扩张和发展，城市山洪也是一个严重且越来越普遍的问题。不透水的土地表面，如混凝土路面或压实的裸露土壤，以及其他改变自然排水设施的情况，都能够使暴雨转换为瞬时高能量的径流，使洪水快速淹没和冲毁道路及建筑物。

尽管这些山洪事件影响很严重，但仅有少数国家建立了山洪预警系统。其部分原因是由于山洪预警技术复杂，需要有足够的精准度和预见期，才能及时采取预防措施。一些国家已经建立了山洪预警系统，但没有持续发展下去。近年来，随着计算机建模、降雨监测和通信技术的进步，山洪预警系统越来越具有经济性、有效性和可持续性。但必须指出，即使采用高密度自动雨量站网、全面覆盖测雨雷达、高分辨率大气预报模型和分布式水文模型组成的强大预测方案，对于一些局地短历时强降雨引起的山洪，在目前技术和科学现状下，仍无法提供有效的预报预警工作预见期和精准度。即使是最复杂的预警系统，仍然会漏报一些山洪事件。目前而言，一些易受山洪侵袭的国家已经建立一系列的局地预警系统，甚至共同参与建设全球级别的预警系统。这些预警系统包括以下 3 种：

（1）通过降雨、河流流量监测站网，雷达网络，卫星传感器或三者的某种组合监测强降雨事件。

（2）采用人工或计算机手段，根据监测的暴雨事件实现突发山洪的短时临近预报。

（3）将大气精细尺度模式与分布式水文模型相结合，预测未来短时间内在一个流域或多个流域发生山洪的风险。

应该注意的是，山洪既是复杂的水文气象现象也是社会现象。也就是说，仅开发强大的监测或预测系统是不够的，还必须注意容易被忽视的个人行为。有研究表明，在 1959—2008 年的 50 年间，得克萨斯州因洪水死亡的总人数（840 人）在美国所有州中排名第一。其中 77%的死者是在试图越过山洪淹没的道路或桥梁时死于车中。

1.1 指南的目的

本指南的目的是通过总结已在世界各地山洪易发区经过验

证、确为有效的山洪预警系统建设和运行经验，为政府（特别是气象水文预警机构）和非政府组织决策者在构建强健的、协调的山洪预警系统过程中提供参考。本指南所指的预警系统具有“端到端”特征，对于预警信息传递过程中产生的非线性反馈和响应，不做详细的描述。

本指南适合以下人员阅读：

（1）国际、区域、地方和社区决策者。

（2）国家和地方当局应急管理人员。

（3）有山洪风险的社区。

（4）非政府组织。

（5）国际化开发专家。

（6）捐赠者。

（7）应急管理专家。

（8）气象学家。

（9）记者。

（10）研究学者、教师和学生。

（11）公民个人。

1.2 预警系统的定义

2005年1月，联合国在日本兵库县神户召开了第二次世界减灾大会。在这次会议上，经过谈判，168个国家接受了一个名为“2005—2015年兵库行动框架：增强国家和社区的抗灾能力”的协议。灾害风险管理模式从简单的灾后应对，扩大到包括预防等更全面的应对模式。神户会议还特别强调要“识别、评估和监测灾害风险并提升预警系统（EWS)”。

按照协议，预警系统将作为灾害风险管理战略的一个组成部分，使各国政府和社区能够采取适当措施增强对自然灾害的抵御能力。预警系统越来越被认为是挽救生命和财产的重要工具，国家和地方政府、国际发展机构和双边捐助者越来越多地投资支持这种系统。2006年3月，在德国波恩召开的第三次国际预警会议（EWC-Ⅲ）上发布的《全球预警调查报告》的一个主要结论是：为确保将预警系统实施作为多灾害减灾战略不可或缺的组成部分，仍然需要面对许多挑战，这些挑战包括立法、财务、组织、技术难题、运营、培训和能力建设。WMO在2006—2007年进行的调查结果表明，超过70%的国家需要加强预警能力建设，如建立水文气象观测网络、全天候的预报系统和通信系统等。此外，WMO与联合国的其他18个机构合作编写了一份预警系统评估报告，显示许多国家包括一些风险很高的国家都面临着建设和维持预警系统的挑战。

2006年，EWC-Ⅲ提出了一个发展预警系统的备忘录作为政府开发和评估预警系统的工具。WMO正在系统地协助各国发展预警系统。在2009年的第二届WMO关于多灾种预警系统研讨会上，来自世界各地的专家讨论了什么是有效的预警系统。有效的预警系统组成如图1.2所示，包括以下4项：

（1）监测和预测危险并形成危险警告信息。

（2）评估潜在风险并将风险信息整合到危险警告信息中。

（3）向政府和有风险的公众发布及时、可靠和可理解的警告信息。

（4）基于社区的应急预案、准备和培训应侧重于对警告信息的有效反应。

2010年，WMO定义了预警系统“好的做法”准则，并编

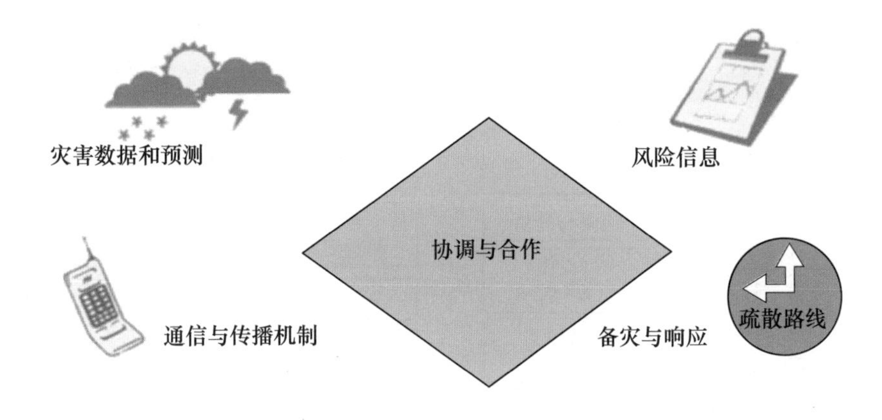

图 1.2　WMO 有效预警系统组成部分原图简化版

写一份题为《多灾种预警系统中机构伙伴关系和协调》的文件。WMO 正在与联合国、国际伙伴及其成员合作开发预警系统开发指南。

本指南遵循 WMO 制定的预警系统“好的做法”准则，着重于描述美国现行的“端到端”山洪预警系统。任何预警系统都有自己独特的要求和操作条件，没有普适系统。但是所有有效的系统都有一些共同特点，本指南即介绍了这些共同特点，并提供了当今美国和世界各地运行的山洪预警系统的示例。

山洪预警系统可持续发展需要政治承诺和专门的投资。本指南假定建立山洪预警系统的组织有法定责任去通知和警告公民即将爆发山洪。

预警系统的主要目标是保障受到灾害威胁的个人和社区及时、适当地采取行动，以减少人身伤害、生命财产损失和环境破坏。政府机构（特别是国家气象水文机构、国家和地方灾害应急管理机构）、非政府组织、公司、学术机构、国际合作伙伴和当地社区在实施自然灾害预警系统中均发挥着重要作用。

图 1.3 表明，山洪预警系统不一定要单独存在，也可以是多

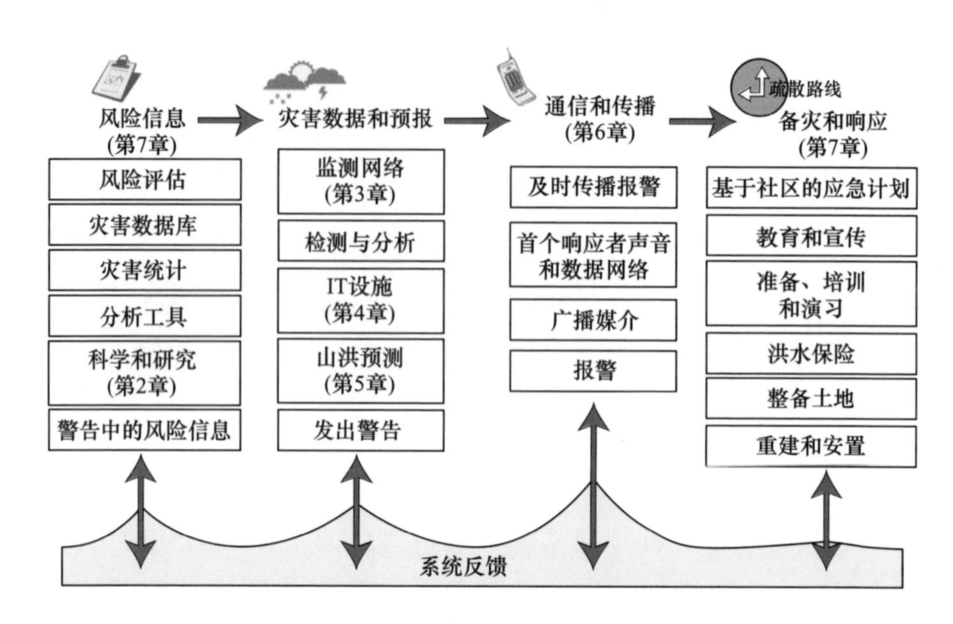

图 1.3 山洪预警系统的组成

灾种预警系统（MHEWS）的一个子系统。山洪预警系统仅针对具体的山洪灾害，当与其他自然灾害（如台风、海啸等）预警系统整合时，能够作为 MHEWS 的一部分发挥功能。山洪灾害预警系统中，风险信息、灾害数据及预报子系统因与气象水文专业结合，具有特殊性。但通信和传播子系统、准备和响应子系统对于其他类型灾害预警系统是通用的。

1.3 自然灾害管理的成本与效益

联合国国际减灾战略（ISDR）和世界银行推荐使用经济分析的方法来研究自然灾害管理系统实施的可行性。“成本效益分析（Cost－benefit analysis）”方法为平衡基础设施投资与社会经济安全和发展等长期愿望提供了有力的工具。

可从以下机构获取自然灾害管理系统成本效益分析的更多

信息：

（1）美国国家海洋和大气管理局、美国国家大气研究中心。

（2）ProVention 联盟（网址：http://www.proventionconsortium.org）。

1.4 指南的章节架构

本指南概述了 MHEWS 框架（图 1.3）下的山洪预警子系统的组织实施和操作需求。它因为是基于多灾种预警系统的角度，所以在风险信息、准备和响应等某些方面超出了山洪灾害的范围。第 2 章简要阐述了山洪科学、山洪水文学；在第 5 章中，介绍了当今世界上一些成功运行的山洪预警系统。每章的第一部分首先对子系统及其在整体系统中的作用进行简要说明，以便读者快速了解本章的目的。第 8 章提供了几个成功的山洪预警系统的范例，最后一章是预警系统开发运营理念的路线图。在本指南中，对于关键信息和示例在提示框中突出显示。指南末尾的附录提供了缩略语列表以及相关参考资料。

本指南的章节安排如下：

第 1 章，引言。本章叙述了开发建设山洪预警系统的目的，提出了预警系统框架组成，强调了预警系统的成本和收益分析的重要性，在成本效益分析的基础上，可对系统建设所涉及的技术开发、基础设施和可持续性方面进行适当的投资。

第 2 章，山洪科学。本章介绍了山洪水文气象科学概况。定义了“山洪”的概念，阐述了山洪的成因机理和过程，简要描述了气象、水文结合开展山洪预测的程序。

第 3 章，水文气象监测网络。山洪事件之前和期间各种信息的及时采集和处理是及时进行山洪预警的前提。各类实时信息的来源渠道包括卫星下行链路及本地传感器，其中采用本地传感器和有线或无线网络采集并传输了绝大多数据。多传感器网络对于“端到端”系统的成功至关重要，本章同时回顾总结了山洪预警系统规划设计要点。

第4章，预警中心基础设施。前面的章节明确指出，山洪预报预警需要大量技术集成和应用。本章总结了实施和运行山洪预警系统的基础设施要求。由于信息技术在不断发展变化，所以不讨论具体的技术应用，只描述了山洪预警系统基本功能需求。

第5章，山洪预报子系统。本章重点介绍山洪监测和预报的几种方法的技术细节。第一类方法通常被称为局地洪水预警系统（LFWS），由简易或自动水文气象站点以及通过平台收集和处理数据的设施设备组成。第二种方法利用山洪指导（FFG）。部分国家利用山洪指导FFG值与观测降雨进行比较。该FFG代表降雨与径流的关系，由前期土壤水分条件以及当地地形、土地利用、土壤条件和植被特征等因素的决定，FFG代表了产生山洪所需的降雨量。本章还讨论了新兴的全球山洪指导系统（GFFGS），并简要讨论了正在蓬勃发展的分布式水文模型。

第6章，预警信息的传播和传达。一个有效且易理解的预警信息是预警系统必不可少但经常被忽视的部分。本章介绍了发布和传播警告的建议方法以及最大限度发挥这些预警信息作用的相关策略。附录D提供了预警产品（简报）的范例。

第7章，基于社区的灾害管理。社区在山洪灾害防御的准备和响应中起着至关重要的作用。本章介绍了增强社区的可持续性和有效性的管理方法。加强社区各相关人群的合作和协调、加强培训和沟通，明确社区防灾的职责，这些都是社区成功防御山洪的典型经验。

第 8 章，端到端的山洪预警系统示例。本章详细描述了北美洲、拉丁美洲、欧洲和亚洲正在运行或开发的端到端预警系统示例，阐述了山洪预报子系统与端到端预警系统融合的方式方法。本章对案例的描述比第 5 章详细。

第 9 章，山洪预警系统的运营理念。本指南的最后一章描述了山洪预警系统的运行理念，即利用预警系统减少山洪灾害事件的战略、策略、政策和制约因素。本章对运行理念做了进一步阐述，包含系统运行所涉及的资源、方法和步骤等。

除以上 9 个章节外，本指南还包含以下 6 个附录：

附录 A，专业缩略语。

附录 B，局地实时自动评估系统和洪水综合预警系统。

附录 C，山洪潜势指数。

附录 D，山洪预警产品。

附录 E，山洪指导技术方法简介。

附录 F，通用预警信息协议。

第2章 山洪科学

世界气象组织（WMO）定义山洪为持续时间短、洪峰流量相对较高的洪水。美国气象学会（AMS）的定义类似：通常发生在面积较小区域，当地发生强降雨导致的迅速上涨和回落的洪水。美国国家气象局（NWS）则给出了更详尽的定义：山洪是在诱发事件（如强降雨、水坝故障、冰堵）发生后6h内，一种进入正常干旱区域的快速和极端的流量，或是一种高于预定洪水水位的河流或溪流的快速水位上升。然而，实际的时间阈值会随不同的地点而有所不同。如果大量降雨导致上升的洪水迅速溢出，持续降雨可能会加剧山洪。

无论采用何种定义，都意味着山洪灾害与其他类型水文灾害的预测过程完全不同。诱发山洪的原因很多，包括强降雨、自然挡水结构（如冰湖碎屑）或人工挡水结构结构（如土石坝、堤防）溃坝及河流冰塞引起的水位陡升等。

虽然引发山洪的原因有多种，但本指南仅针对由强降雨引发的山洪。

2.1 本章内容

本章适用于具有一定水文学基础的人员阅读。本章简要论述了土壤质地、流域特征、河流密度和土地利用等因素对山洪形成和强度的影响。

2.2 山洪过程

山洪是快速发生的水文事件，预报预测难度大。一般而言，大多数山洪事件是强降雨和快速产流结合在一起的过程。因此，雨型和径流过程是预测的关键因素。图 2.1 描述了整个洪水预测过程，以及山洪如何与较大的水循环过程相关联。

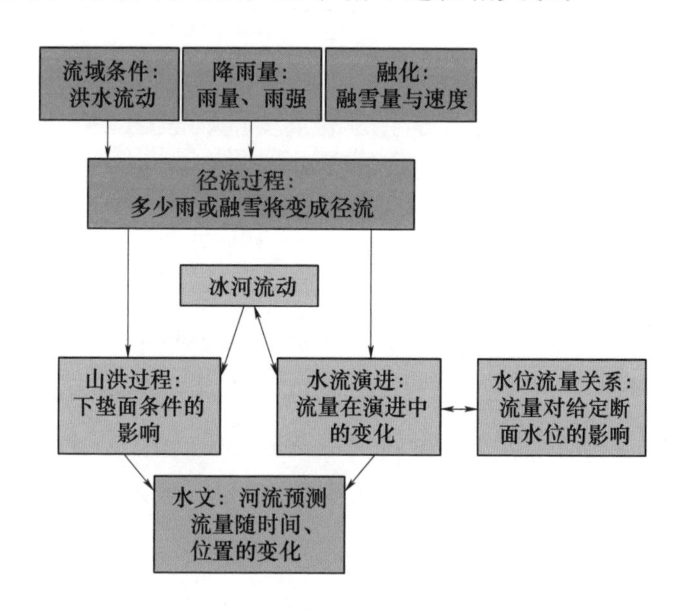

图 2.1 洪水预测过程

一般来说，降雨强度越大，越有可能产生明显的地表径流。由于地面不能快速吸收水分，大的降雨强度会导致大的径流。虽然土壤饱和会增加山洪暴发的风险，但土壤不饱和时也可能发生山洪。即使在干旱的土壤条件下，也存在山洪发生的可能性。

地表水文过程会影响山洪的发生时间、地点和严重程度。尽管降雨往往被认为是预测洪水的最重要因素，但是一旦降雨发生，在地面上会发生什么有时甚至更为重要。在某些情况下，径流过程可能比降雨特征更为重要。

2.3 水文影响

2.3.1 土壤属性的影响

在评估山洪风险时，需要考虑3个关键的土壤属性：①土壤湿度，特别是饱和度；②土壤渗透性，包括土壤表层的情况，如压实、铺路和火灾都会影响土壤表层渗透性；③土壤剖面结构。

土壤湿度是影响山洪产生的最重要的因素之一。如果土壤饱和，降雨渗透不下去，无论是什么环境条件，所有降雨都会转化为径流。此外，土壤不完全饱和的地区也可发生山洪。干燥的土壤可以以一定的速率吸收降雨，被称为下渗能力。如果降雨强度超过下渗能力，就会产生径流，这个过程被称为渗透过程中的地表径流，即便在干燥的条件下，也可能快速产生地表径流。

降雨入渗速率也可能受到土壤渗透性的影响。土壤渗透性的一个常用指标是土壤质地，即用来描述土壤中不同粒径的颗粒占比的土壤属性。土壤压实、土壤收缩和膨胀、微生物活性、土壤导水率和根系分布等也可能影响土壤渗透率。如图2.2所示，在强降雨过程中，黏土和淤泥会导致较低的渗透率和较快的径流。相比之下，因为颗粒之间的空间较大，砂壤土具有较好的渗透性。一般来说，在黏性土壤上产生的径流量比砂壤土的更大。事实上，由于铺路、压实和火灾等导致的土壤表面变化比土质对山洪径流的影响更大，而且即使在干燥的条件下也会产生很快的径流。野火可以改变土壤性质，使燃烧区域趋向于不吸水，特别是

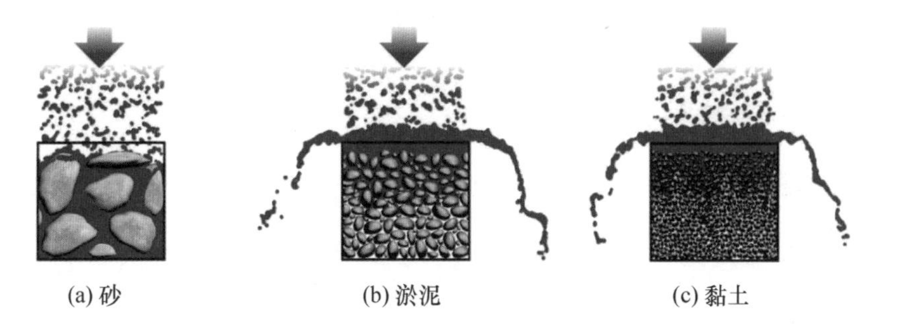

图 2.2　土质的渗透变化

针叶林发生大型火灾后产生的山洪风险更大。

除土壤水分和土壤渗透性外，土壤剖面结构也可影响山洪水文过程。然而，相比土壤饱和度和土壤渗透性，土壤剖面结构的影响较小。土壤剖面结构是指不同土层的垂直分布结构。土壤剖面结构与土壤储水能力和渗透速率密切相关。例如，虽然砂质土壤的渗透率较大，但只有一层薄薄的砂质土壤时仍然会发生快速径流。又如，如果在一层薄薄的土壤下面有一层不透水的岩石，那么表层可能会迅速饱和，而导致大量的径流。图 2.3 描述了土

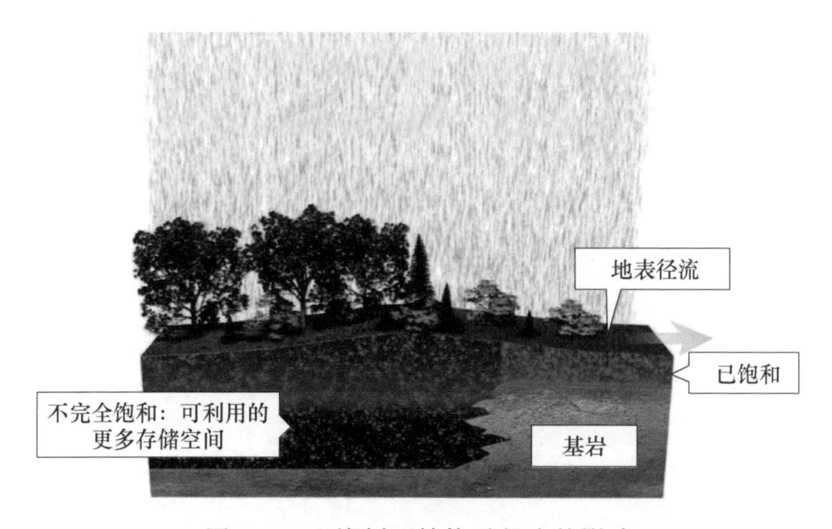

图 2.3　土壤剖面结构对径流的影响

壤剖面结构对径流和山洪的发生影响程度。

2.3.2 流域影响

流域是一个有地表径流共同出口的区域。流域及其河流的物理属性影响径流的量级和洪水历时。任何提高径流形成速度和效率的因素都会使特定的流域更容易发生山洪灾害。河流蜿蜒度、河道坡度、地表粗糙度、河流密度、城市化和森林砍伐等都会影响山洪发生的可能性。

评估山洪风险时，流域面积是非常重要的因素。流域内降雨的产流区大小直接影响该流域的总径流量。以两个形状类似、但大小不同的流域为例（图 2.4），从较大的流域的最上游点开始的径流将比较小的流域需要较长的时间到达流域出口，另外，任何一次强降雨都仅可能笼罩较大流域的一小部分，但却可能覆盖整个小流域。事实上，大多数山洪发生在小于 77km² 的小流域，其中很多流域面积甚至小于 38km²❶。

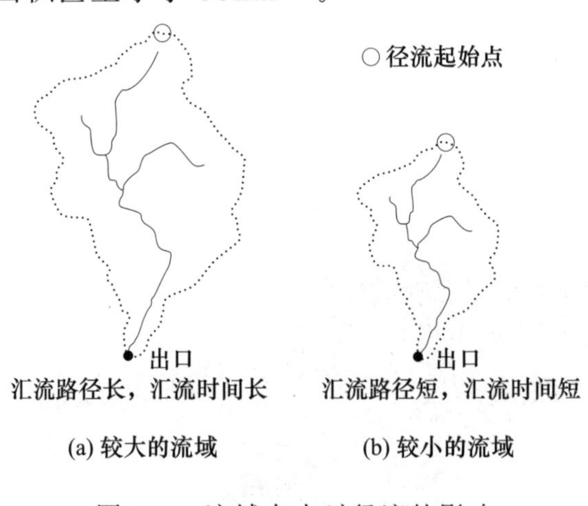

图 2.4 流域大小对径流的影响

❶ 据统计，山洪一般发生在面积小于 30 平方英里（约等于 77km²）的小流域。

流域形状也对流域出口峰值流量的大小和时间有影响。考虑两个面积相等的流域，一个是狭长的，另一个是偏圆的（图2.5），然后分析从每个流域的最远点到各自的出口径流，偏圆的流域径流将更快到达流域出口。此外，该流域多个地点的径流更可能同时到达出口，导致峰值流量更大。与之对比的是，在一个更长、更窄的流域中，来自多个地点的洪水不太可能同时到达。

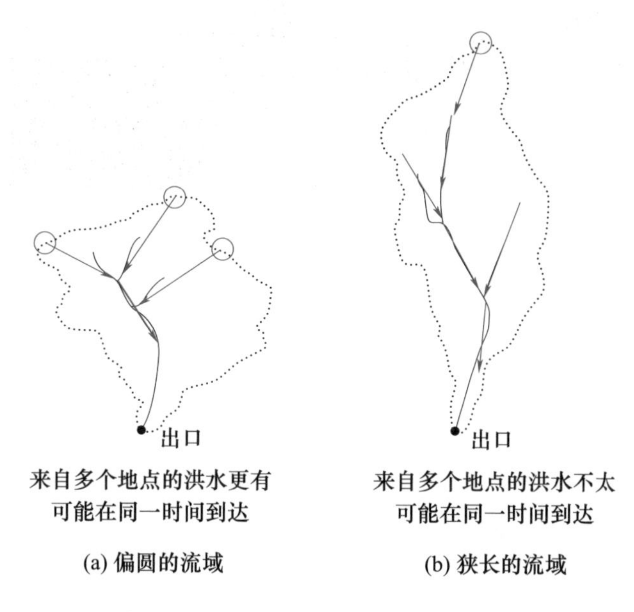

图 2.5　流域形状对洪峰流量的影响

在流域中，坡度是另一个重要的考虑因素。坡度不仅影响径流时间，而且影响渗透量。一般来说，坡度越陡，排水通道越陡，产流响应速度越快，峰值流量越高。

表面粗糙度也影响径流产生的效率。岩石、植被和碎屑的存在会造成紊流，减缓径流和渗透。相反，减少通道粗糙度导致更快的水流速度和更少的渗透。如果采用混凝土衬砌的渠道（图2.6），则几乎不存在入渗，从而导致流速非常高，增加山洪发生的风险。

图 2.6　混凝土衬砌的渠道

河流密度是评估潜在径流的重要特征之一。河流密度为流域内所有河道的长度除以流域的面积。拥有大量支流的流域的河流密度要高于支流少的流域。如果一个流域具有较高的河流密度，那就意味着流域产流、汇流能力强，水能更快流入溪流，导致洪水峰值流量更大，并且发生速度更快。城市化过程中，将公路网和雨水管网作为洪水通道或支流，人为地增加了河流密度。河流密度较低的流域通常意味着一个较深且发育良好的土壤层。在这种情况下，水更容易渗透到土壤中，而不是成为地表径流并进入河网。

土地覆盖和土地利用也对径流有着重要影响。城市化、植被覆盖和冻土是需要考虑的特殊情况。城市化对径流有影响体现在以下两个方面：

（1）由于不渗透表面和压实土壤的增加，径流量增加。

（2）由于道路、雨水管网络建设、自然植被的减少、河流的渠化，径流速度加快。

与农村的情况相比，城市河流的洪水速度更快，并且在相同的降雨量下洪峰流量会更大。事实上，在城市，当降雨比农村或城市边缘地区的降雨量少很多的情况下，洪水也可能发生。

森林砍伐和野火也可能通过增加径流量和径流中的泥沙输送潜力来增加山洪暴发风险。正如在前面提到的，野火可以改变土壤质地，使燃烧区域趋向于不吸水，特别是针叶林发生大型火灾后产生的山洪风险更大。

最后，山洪一般发生在暖季，极少遇到冻土情况。但如果在不透水冻土地区出现强降雨，可能出现高洪峰山洪现象。

山洪科学要点

（1）大部分山洪事件都是强降雨和高效率的产流两者结合的结果。

（2）在某些情况下，径流特征可能比降雨强度更重要。

（3）土壤饱和度、土壤渗透性、土壤表面变化和土壤剖面结构是影响径流产生的重要土壤特征，可基于这些因素辨识山洪易发区。

（4）流域特征（如大小、形状、坡度、土地利用）也影响径流产生，从而影响山洪发生的可能性。

（5）城市化和火灾可增加径流的量级和速度，从而增大山洪发生的可能性。

第3章 水文气象监测网络

水文气象监测网络是山洪预警系统的重要组成部分。它采用地面传感器、雷达和卫星传感器等采集山洪预警模型所必需的降雨、温度和其他数据，生成山洪预警信息。因此，水文气象监测网络和相关通信设施是确保山洪预警系统发挥预期效用的重要因素。

3.1 本章内容

本章适于需要了解山洪预警系统关键框架结构的人员阅读，回顾总结了用于山洪监测的各种类型传感器及相关的通信技术。本章主要内容如下：

（1）用于山洪监测的水文气象传感器（雨量站、河流流量站、雷达和卫星）。

（2）采集数据的传输和通信要求。

（3）至本地（省级）或国家气象水文机构（NMHS）的备用通信信道（用于数据收集和预警发布）。

（4）国际数据观测和信息收集网络，包括全球电信系统（GTS）等。

3.2 水文气象传感器

3.2.1 地面监测站网

建设地面监测站网的目的是提供精确的实时水文气象监测信息，率定、校正雷达和卫星降雨估算值，为水文和山洪预测预报模型提供雨量输入信息，并支持常规的天气预报和山洪预报。没有地面实时监测数据，就不可能掌握降雨分布和发展情况，不可能掌握河流水位、流量或其他水文现象。值得一提的是，监测站容易出现各种误差，有时并不能完全刻画局地对流降雨的特征。“地面实况”只能作为监测值，并不能完全代表真值。对于一个成功的山洪预警系统，尽可能准确、可靠、及时地监测雨情、水情至关重要。第 5 章就提供了美国很多局地自动实时评估（ALERT）系统监测站网布设的案例。

一个大的监测站网通常由多个独立小型网络组成，各网络分别提供实时监测数据流，可对各种自动监测设施设备整合，从而形成统一的水文气象监测站网。

通过数据共享协议，采用不同型号监测设备的多个小型网络整合形成一个标准的监测站网，各方都可从中获益。但各方应对现有监测站点资源最大化利用、数据访问、数据所有权、运行管理维护、站点及时可靠报汛等议题及时进行商讨。

同时，可利用既有监测设施设备进行山洪预报预警模型率定和修正，基于历史降雨和山洪事件，可将一个通用的预报模式修正为本地模式。如果没有历史记录，可能需要几年时间才能积累足够的数据来率定这些模型，并准确反映本地的山洪特征。

当然，当监测站点不足或破损时，可进行站点更新或改造升级。但是，位于新地点的站点需要相对长的时间，才能积累至可率定或修正预报模型的历史记录。因此，最好继续使用现有站点位置以利用原有记录。我们建议使用实时自动监测设备，以确保快速采集观测数据并将关键数据传输至预警中心。

监测站点可发挥如下重要作用：

（1）山洪灾害预警（站点直接位于受威胁人群中心或上游）。

（2）雷达回波率定（站点位于雷达覆盖范围内，且分布的地点高程不同）。

（3）卫星监测的降雨误差修正。

（4）数值预报模型率定。

一般而言，在预算允许范围内，自动雨量站和流量站应尽量覆盖受关注的地区，并优先满足精细化山洪预报和水文模型的使用。流量站应不仅仅布设在大流域，小流域也应涉及，只有这样，才能进行水文模型率定和验证。用于雷达回波率定的雨量站数据采集间隔应不大于15min，且在水平和垂直方向布设地点均应具有区域代表性。

1. 雨量站

用于山洪监测的雨量站由降雨测量部件、数据采集平台(DCP)、供电和管理单元及通信部件组成。这些部件可以与常见的气象传感器结合，一并测量温度、湿度、气压、风速和风向等标准的气象参数。

降雨测量部件有多种类型，最常见的类型是“称重式”和“翻斗式”。称重式雨量站通过量测水的重量确定累积雨量。这类仪器成本较高、日常维护要求也高，但比翻斗式雨量计更为精确。翻斗式雨量计通过在两个小桶中的一个小桶中收集少量水进行工作（图3.1）。一旦获取雨水，桶开始翻倒变空。通过记录这个“翻倒”的过程，降雨量和降雨强度被转换成翻倒的次数和速度。翻斗式雨量站可能会低估强降雨或强风期间的降雨量。但是与称重式相比，翻斗式雨量站价格便宜，维修养护工作量小。然而，无论哪种设备，都需要一定的维修养护费用。

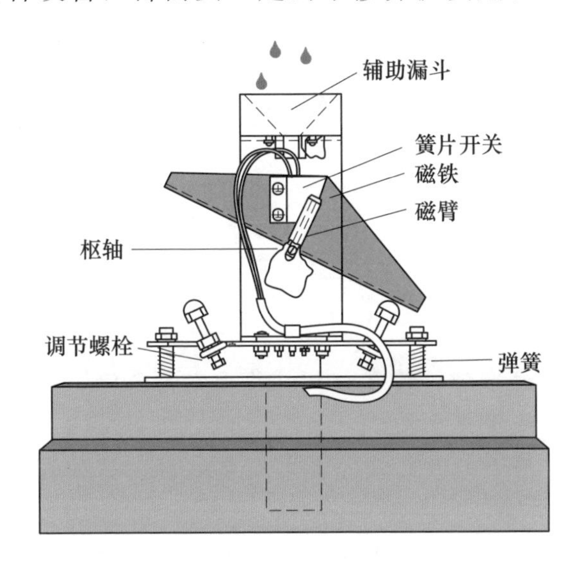

图 3.1 典型的翻斗机制的示意图

DCP 记录降雨测量部件的输出并存储，同时供数据采集程序远程查询。几乎所有的气象监测设备公司都提供 DCP 产品（最好由工程师和执行合作伙伴选型，以便于融入现有的监测站网）。

理想情况下，雨量站可使用电话网络（固定电话或移动蜂窝）、UHF/VHF 无线电或其他方式发送采集到的数据。

2. 流量站

与雨量站类似，流量站由一些测量部件、DCP、电源和管理单元以及通信设备组成。流量站首先获取河道内水位监测值，然后将其与水位-流量关系图或表进行比较，获取实时监测流量。流量站产品供应商一般会提供多种类型的流量站并内置多种水位-流量关系图表，供实际应用时选用。购置安装流量站时，可选用图像监测站（搭配固定水尺，具有刻度识别功能）、雷达式或压力式传感器等。

提示

对现有流量站进行升级改造时，可将降雨测量部件添加到同一个DCP中，这样既增加了流量站的降雨监测功能，又节约了成本。

地面监测站网的要点

（1）尽可能准确、可靠和及时的雨水情监测，对于一个成功的山洪预警系统至关重要。

（2）一个用于山洪监测的水文气象站网，往往需要整合已有监测网络。

（3）翻斗式雨量站可能会低估强降雨期间的降雨量。但是与称重式相比，翻斗式雨量站价格便宜。

（4）与称重式相比，翻斗式雨量站维修养护费用较低，但无论哪种设备，都需要一定的维修养护费用。

3.2.2 气象雷达网络

气象雷达网络的主要功能是提供覆盖地区的高分辨率、实时网格化的降雨估计值。因为气象雷达能反映大面积而不是局地点位的监测信息，所以它成为了水文气象监测和预报的强大工具。雷达可检测云的形成，跟踪它们的运动和演变，探测它们的内部结构，并且定量估计它们在地表产生的降雨量。

气象雷达（以下简称“雷达”）主要用于测量回波强度。回波强度与由云和降雨粒子散射回雷达的电磁能量成正比（如雨滴、雪花、冰雹等）。雷达可以跨越几个数量级，通常以dBZ（雷达回波强度）来测量。雷达的最大值直接反映了最大降雨强度。通过建立降雨强度和雷达间的关系，可开展基于雷达的定量降雨估算（QPE）。

一些雷达能够发射和接收不同极化（一般是水平和垂直）的能量。这些所谓的“极化”雷达提供了一些附加的测量参数，可进行两个极化信号之间的对比。这些附加参数可用于以下方面：

（1）检测雷达伪影，如由雷达波束阻挡、异常传播或亮带等引起的特征。

（2）率定由暴雨引起的雷达回波衰减，增大雷达探测距离等。

（3）提高QPE能力。

根据美国国家海洋和大气管理局（NOAA）强风暴预报实验室的研究，极化雷达可以提供更准确和低成本的降雨估算结果。

在部署现代雷达系统时，必须依据一系列的策略和规则。以下详细分析了该地区的设计选址策略（主要是地形和降雨特征），提供了不包括成本效益分析等内容的有关选址和系统采购建议。

1. 降雨强度

山洪常发生在强降雨易发地区，因此在部署雷达网络时，有必要了解当地的降雨强度模式，并重点关注雷达信号衰减的情况。雷达信号的衰减随着雷达波长的减小而增大，也随降雨强度、雨区穿越路径长度和雨滴平均大小的增大而增大。雷达信号的衰减增大，相当于人为降低了雷达回波强度，导致低估了降雨强度。然而，如上所述，极化技术可率定衰减，但如果雷达信号已衰减到本底噪声，即信号和噪声具有相同的反射强度，则不能再进行率定。

2. 地形影响

地形是雷达网络规划建设需要考虑的一个重要因素。为了获得最佳的降雨量测结果，雷达波束最好能够不被阻碍地扫描到地面，但这在山脊和临近山谷的地区则很难实现，有时需要将雷达波束抬高至远高于山谷的场地。另外，雷达波束一般不会延伸到形成降雨的云层上方。

美国国家研究委员会（NRC）2005年指出，如果雷达站位于谷底，其水平波束很可能会被相邻的山脉阻挡。相反，如果一个雷达站位于山脊，它的地平线可能会清晰，但是在谷底的波束将会受到影响。因此，需要考虑各种因素做出平衡。在某些条件下，为了采集山脊下方和上方的信息，可采用宽范围“监视”雷达，并采用一些雷达补充监测，如联合使用C波段（波长5cm）、S波段（波长10cm）“监视”雷达，控制范围的半径为40km的X波段雷达（2.5～4.0cm波长），在地形复杂的地区可获得最佳的监测效果。

3. 覆盖范围

覆盖范围则是部署雷达网络时另一个需要考虑的因素。一个地区实现雷达网络覆盖所需的适当台站数，不仅取决于雷达波束衰减和地形，还受单站雷达覆盖范围的制约。随着雷达波束发射距离的增加，雷达波束的水平和垂直方向发生扩散，从而降低其观测能力。此外，雷达波束传播的扩散角和地球的曲率将增加雷达波束距离地表高度，由此可能漏掉一部分位于云底处或略高于云底的雨滴（图3.2）。

4. 运行管理

运行管理也将影响雷达网络规划建设。相关的运行管理问题

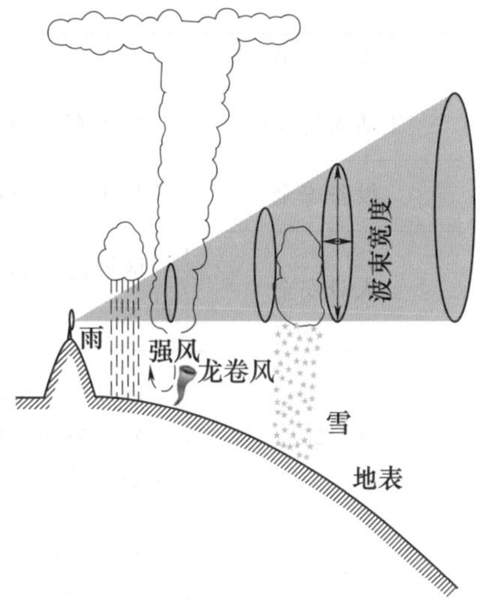

图 3.2　复杂地形中部署雷达面临的问题

可能包括现有的基础设施、电力、通信、接入、安全、地方的阻碍、运行频率批准和干扰等。表 3.1 提供了雷达站点选址需要考虑的事项清单。选址过程中，NMHS、雷达设备供应商、政府和当地群众之间往往要进行深入沟通，最终达成一致意见。

表 3.1　　　　雷达选址考虑的事项

事　项	问　题
财产所有权/土地产权/分区	拟建站点的场地归谁所有？是否为雷达站划分出专门区域？该块场地是否可无限制通行？是否会收取租金或其他费用
当前使用情况	是否有足够的空间用于雷达站和配套基础设施（与雷达供应商联系，以确定雷达站的占地面积和空间要求）？是否有一些自然或人造障碍物可能会在当前或将来限制雷达波束
现有的能源和通信设施	现场或附近电力和天然气接入条件？是否能进行语音和数据通信，有线还是无线？电力和通信设施是否强健，是否有冗余的通信线路？是否有足够的空间放置柴油发电机及相关燃料
通行性	一年任何季节都可以到达这个地点吗（特别是在汛期）？是否有备用道路？大型车量是否能够通行

续表

事　　项	问　　题
生活支持设施	是否有现场住宿和办公场所？附近有住宿条件或市场吗
设备安全	是否有盗窃现象？场址是否受恐怖活动影响
人身安全	区域内是否存在可能受到微波能量或任何其他危害风险的人
能见度	信号在雷达站点、中继站和预警中心之间的传输路径是否可靠？另外，如果从外观上隐藏雷达站，确保周围社区对此无感，是否影响其性能
接近度	在紧急情况下或定期进入雷达站的人员，允许的最近接触距离是多少
电磁干扰	其他信号是否会影响雷达性能或数据传输等关键功能
无线电频率许可	地方和国家对无线电频谱接入和发射的监管要求是什么
安装与运营	上述因素如何影响短期安装雷达站的成本与长期运行雷达站的成本（这种比较分析对于雷达站选址和选型及运行至关重要）

气象雷达网络的要点

（1）气象雷达是强大的工具，它们能够在大范围内提供高时空分辨率的降雨数据。

（2）雷达信号的衰减随着雷达波长的减小而增大，也随降雨强度、雨区穿越路径长度和雨滴平均大小的增大而增大。

（3）将“监视”雷达和小尺度雷达组合，在复杂地形条件下可获得最有效的监测效果。

（4）雷达波束传播的扩散角和地球的曲率将增加雷达波束距离地表的高度，由此可能导致远距离的降雨估计不准确。

3.2.3 卫星网络

气象卫星的任务通常是双重的：一方面，收集诸如红外线和可见光图像等观测数据；另一方面，发布传播气象部门上传的其他卫星产品。另外，这些卫星对来自各种 DCP 的数据（如流量站和雨量站）起到中继通信作用。

1. 估算降雨

在许多没有雷达覆盖的地区，卫星数据是进行降雨估算的主要手段。这个过程中使用了几种不同的卫星仪器：①红外传感器（Infrared Sensor），安装于对地静止卫星上，观测覆盖范围广泛且连续，但当云层出现时，红外传感器只能观测到云顶的温度；②无源微波传感器（Passive Microwave Sensor），安装于极轨卫星上用以观测云中的水和冰，形成稳定可靠的定量估计成果，但这种方式应用频率较低；③空基有源微波（或雷达）传感器（Space Based Active Microwave Sensor）在整个降雨监测过程中均能发挥作用，而且在垂直和水平维度上精度都很高。

将极轨卫星上的微波观测数据与地球静止卫星上的可见光和红外观测数据综合，可发挥每个系统的优势，获得最优观测结果。极轨卫星传感器每 12h 对地球上的某一位置进行一次观测，然而，目前美欧合作运行的多颗卫星平均每 3～4h 就可以为任何特定地点提供无源微波观测降雨数据产品。

对地静止卫星的观测数据每半小时或更短的时间间隔就更新一次。由于缺少微波传感器，对地静止卫星可以及时提供风暴位置，但不能提供可靠的降雨强度。因此，研究人员开发了协同降雨预报产品，将微波观测降雨的准确性与地球静止卫星观测数据的时间优势相结合。这些产品着眼于数值模拟、数据同化、模型验证和气候研究，具有高分辨率的特点，越来越受到气象预报人员的欢迎。

举一个例子，热带降雨测量任务（TRMM）多卫星降雨分析（MPA）项目融合了降雨的微波估算和对地静止卫星红外估算结果。NOAA提供的CPC变形技术（CMORPH）产品，完全由无源微波降雨估算构建而成。在某时刻、某地点，不能获得极轨卫星的微波观测数据时，可利用CMORPH基于对地静止卫星红外观测数据及趋势，推导出微波观测估算成果。这种推导方式被称为“变形”方法。美国海军研究实验室（NRL）提出了一种估值推导的混合算法（Naval Research Laboratory Blended technique，NRL-Blended），采用极轨卫星的被动微波观测数据和TRMM雷达数据率定来自于对地静止卫星的微波观测和红外观测重叠数据，生成降雨强度结果并保存，进而继续率定新接收的对地静止卫星观测数据。美国国家环境卫星数据和信息服务中心（NESDIS）提出了一种自修正多参数降雨反演技术（SCaMPR）用于降雨强度的估算，其目标是将地球静止卫星的观测数据提高到通过微波观测数据的精度水平。

提示

承担TRMM的卫星于1997年发射，被确信能够完成研究热带降雨规律的使命，成为全球降雨测量（Global Precipitation Measuerement，GPM）任务的先驱，这颗卫星携带了机载降雨雷达和TRMM微波成像仪。

2. 卫星数据处理

虽然对卫星地面接收设备的描述已超出了本书的范围，但必须强调，卫星数据处理设备应具有基于接收卫星数据进行全国实时降雨量估算的能力。自2002年以来，NESDIS研发的卫星应用水文估算算法可自行对11号对地静止卫星（GOES－11）和12号对地静止卫星（GOES－12）观测数据进行实时降雨估算，并提供时段长15min的降雨预报产品（详见第8章）。

因为许多国家不具备建设卫星网络的能力，所以基于对地静止卫星数据的网格化降雨估算是一些国家和地区山洪预报系统降雨资料的主要输入来源。本指南第5章和第8章将进一步介绍中美洲采用上述降雨估算产品的山洪预警系统的案例。

卫星网络要点

（1）可使用地面雨量站对部分卫星降雨估算数据进行修正。

（2）网格化降雨量估算成果是缺乏雷达网络和地面监测站网地区的降雨信息的主要来源。

（3）联合使用极轨卫星和地球静止卫星，可计算地球某一地区的降雨估算值。

3.3 通信要求

水文气象监测网络与预警中心之间的通信对于山洪预警系统至关重要。如果没有及时、可靠地将数据从各传感器传送到预报员手中，就不可能检测出山洪威胁并采取有效行动。一些对地观测，特别是来自国际网络的数据可通过互联网和卫星下行链路实时获取，而来自地面监测网络的数据通常采用固定或无线通信、因特网、无线电话、UHF/VHF无线电等进行方式传输。应从以下几个方面考虑确定选取通信方式：

（1）数据通信速率。

（2）电源供应能力（主电源与备用电源或自主发电）。

（3）数据传输保障（专网与公网）。

（4）通信设施的位置（是否方便接收卫星数据）。

（5）是否有资金投入。

预警中心与监测站网建立双向通信线路比较有利，通过这种方式可以完成以下工作：

（1）对雷达站的软件进行更新或数据校正。

（2）查找系统的故障。

（3）改变采集频次。

（4）执行各种远程管理事务，否则只能到站点现场进行。

这使系统变得灵活并且提高了整体的可靠性。

提示

关键数据应通过多个通信路径从多个网络收集。

监测设施设备的通信系统，必须考虑其在恶劣环境条件下的可靠性。例如，为了能够监测山洪灾害并提前发出预警，一些雨量站只能安装于易发生滑动的地点。在发生山体滑坡的情况下，第一个损失往往是公共交换电话网（PSTN）、移动电话线路和电力。在这种情况下，卫星信道可能是唯一的选择。此外，有必要采用不间断电源（UPS），利用备用电池储存几个小时的电源容量。很多厂家生产了很多与山洪监测站点匹配的廉价即用型通信系统。

通信方式在很大程度上取决于数据传输的距离。如果距离短，可采用无线电方式。对于全国性的链路，可采用 PSTN 或专用电话线方式。在固定线路不可行的情况下，可采用基于 GSM 或 GPRS 方式。固定电话系统和移动电话系统都可以通过互联网服务提供商（ISP）访问互联网，这可大大提高数据传输效率。

一般而言，宽带是指带宽能够满足同时传输多种信息需求的通信容量。基于宽带，信息可以被多路复用并且同时在带宽内的以不同的频率或频道发送，允许在一定时间量内发送更多的信息（就像高速公路上的更多的车道允许更多的车辆同时在其上行驶一样）。宽带技术的优点有以下 4 个：

（1）可对采集数据进行高速上行通信，下行通道也可保持近乎实时的通信，可基于宽带技术，开展站点的远程诊断和远程编程。

（2）采用互联网上的网络协议等，可消除时间延迟和操作错误现象。

（3）数据传输费月付或年付，确保成本可控并预先掌握。

（4）基于实时数据采集功能可以更快地找到并修复故障。

宽带技术的缺点有以下 2 个：

（1）LAN 接口是必需的。

（2）宽带调制解调器需要较大的电力，在主电源不可用的条件下可能会造成问题。

正如前面所述，在一些偏远地区，卫星通信提供了一种通信选择。目前[1]全球有 30 个卫星系统提供数据传输服务。

3.3.1 备用通信

对于地方或省级水文气象机构，应建立备用通信线路传输采

[1] 指 2010 年。

集的自然灾害有关数据和信息。一个预警中心应采用两种备份通信方式：

（1）关键数据到达中心的备用通信路径。一个中心内需要数据收集和产品传播的备用通信路径。如果某个中心的主通信链路发生故障，则可以通过备用路径。

（2）另一个中心为本中心提供的“服务备份”。另一个中心的功能备份意味着，如果一个失去了所有的通信线路，那么另一个中心就可以承担其相应的功能。

商业卫星系统可能为预警中心提供多种预警信息传播的机制，同时为世界气象组织（WMO）GTS提供了补充和备份（下一节详述）。

一些气象卫星在极地轨道上进行信息观测，而且其中部分卫星还执行从流量站点和雨量站点等DCP采集数据的额外服务。NMHS应探索实施多个卫星接收系统的同时作用，以提供整体系统最大可靠性。尽管卫星系统偶尔会意外中断，但从一个以上的卫星系统接收数据将有助于确保高可靠性，以避免在一个预警中心不能成功接收卫星数据的情况下，地面通信也相应造成损失。

3.3.2　国际数据观测与信息采集

正如前文提到的，NMHS采用于固定或无线通信、互联网、无线电话、UHF/VHF无线电或对地静止卫星DCP等通道进行本地采集数据的传输。与此同时，NMHS通过WMO的GTS收集国际数据。WMO GTS是支持包括所有气象和相关数据在内的多灾害多用途预警系统的全球数据和信息交换主干系统，包括天气、水和气候分析和预测，海啸相关的信息和警报，以及地震参数数据。GTS 采用消息交换系统（MSS）组成的硬件和软件系统，使用标准化的数据格式和内容分发各种地球数据观测数据。图 3.3 给出了 GTS 的概况。

提示

GTS 的定义是："在世界天气监测网框架内提供快速收集、交换、分发观测和处理信息的全球电信系统。"

——WMO 第 49 条技术规定

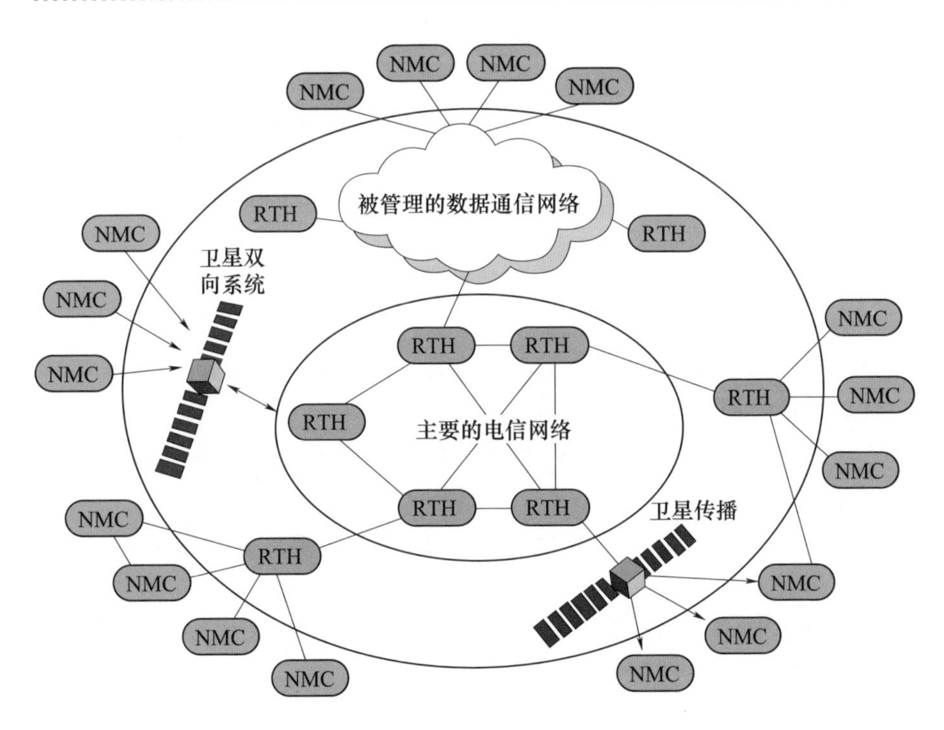

图 3.3　WMO 全球电信系统的基本结构

GTS 体系利用地面通信电路在分层网络上传播数据、产品和公告。GTS 三层指的是世界气象中心（WMC），地区电信枢纽（RTH）和国家气象中心（NMC）。

主要电信网络（MTN）将3个WMC（墨尔本、莫斯科、华盛顿）和15个RTH（阿尔及尔、北京、布拉克内尔、巴西利亚、布宜诺斯艾利斯、开罗、达喀尔、吉达、内罗毕、新德里、奥芬巴赫、图卢兹、布拉格、索非亚、东京）连在一起。这个核心网络具有在气象通信中心（MTC）之间提供高效、快速和可靠的通信服务的能力。

区域气象电信网络（RMTN）是覆盖WMO 6个区域（非洲、亚洲、南美、北美/中美和加勒比、西南太平洋、欧洲和南极）的综合电路网络，能够按照区域选择性分发气象和其他相关信息。在综合网络建成前，可使用高频无线电广播来满足互联网对气象信息传播的要求。

国家气象电信网络（NMTN）确保NMC能够收集观测数据，并在国家层面上接收和分发气象信息。

通信要点

（1）监测网络与预警中心之间稳定有效的通信是山洪预警系统取得成功的关键。

（2）在为监测仪器配置通信系统和设备时，须考虑其在恶劣环境条件下的可靠性。

（3）NMHS需要建立数据采集和产品发布的备用通信路径，以确保全天候运行。

（4）WMO GTS是支持多灾害、多用途预警系统的全球数据和信息交换的主干系统。

WMO正在其GTS的基础上构建一个总体的WMO信息系统（WIS），使WMO和相关的国际计划能够系统地获取、检索、传播和交换数据和信息。WIS还将为包括灾害应急管理在内的多个部门的其他国家机构和用户提供关键数据。

3.4 监测设施设备供应商信息

欲获取监测设施设备供应商信息，可浏览水文气象设备行业协会网站（http：//www. hydrometeoindustry. org）。

另外，在 NOAA 的网站上也提供了供应商名录（http：//www. nws. noaa. gov/im/more. htm）。

参考文献

[1] BATTAN L J. Radar observations of the atmosphere [M]. Chicago：University of Chicago Press，1973：279.

[2] BRINGI V N，CHANDRASEKAR V，BALAKRISHNAN N，et al. An examination of propagation effects on radar measurements at microwave frequencies [J] . Journal of Atmospheric and Oceanic Technology，1990，7：829－840.

[3] BUCHANAN T J，SOMERS W P. Stage measurement at gauging stations [M]//U. S. Geological Survey. Techniques of Water－Resources Investigations，Book 3，Chapter A7.

[4] BUCHANAN T J，SOMERS W P. Discharge measurements at gauging stations [M]//U. S. Geological Survey. Techniques of Water－Resources Investigations，Book 3，Chapter A8.

[5] CARTER R W，DAVIDIAN J. General Procedure for Gauging Streams [M]//U. S. Geological Survey. Techniques for Water－Resources Investigations，Book 3，Chapter A6.

[6] FERRARO R R，MARKS G F. The development of SSM/I rain－rate retrieval algorithms using ground－based radar measurements [J]. Journal of Atmospheric and Oceanic Technology，1995，

12: 755－770.

[7] FERRARO R R, KUSSELSON S J, COLTON M, et al. An introduction to passive microwave remote sensing and its applications to meteorological analysis and forecasting [J]. National Weather Digest, 1998, 22: 11－23.

[8] FERRARO R, PELLEGRINO P, TURK M, et al. The Tropical Rainfall Potential (TRaP) Technique. Part 2: Validation [J]. Weather and Forecasting, 2005, 20: 465－475.

[9] FERRARO R R, WENG F, GRODY N, et al. NOAA satellite－derived hydrological products prove their worth [J]. Eos, Transactions, American Geophysical Union, 2002: 429－437.

[10] FERRARO R R, WENG F, GRODY N C, et al. Precipitation characteristics over land from the NOAA－15 AMSU Sensor [J]. Geophysical Research Letters, 2000, 27: 2669－2672.

[11] HAGEN M, YUTER S E. Relations between radar reflectivity, liquid－water content, and rainfall rate during the MAP SOP [J]. Quarterly Journal of the Royal Meteorological Society, 2003: 129, 477－493.

[12] JOSS J, WALDVOGEL A. Ein Spektrograph für Niederschlagstropgen mit automatischer Auswertung [J]. Pure and Applied Geophysics, 1967, 68: 240－246.

[13] KENNEDY, E J. Discharge Ratings at Gauging Stations [M] // U. S. Geological Survey, Techniques for Water－Resources Investigations, Book 3, Chapter A10.

[14] KIDDER S Q, KUSSELSON S J, KNAFF J A, et al. The Tropical Rainfall Potential (TRaP) Technique. Part 1: Description and examples [J]. Weather and Forecasting, 2005, 20: 456－464.

[15] KULIGOWSKI R J. An overview of National Weather Service quantitative precipitation estimates [J]. TDL Office Note 97－4, NWS/NOAA, 1997: 27.

[16] KULIGOWSKI R J. A self－calibrating real－time GOES rainfall algorithm for short－term rainfall estimates [J]. Journal of

Hydrometeorology, 2002, 3: 112 - 130.

[17] KULIGOWSKI R J, BARROS A P. Blending multiresolution satellite data with application to the initialization of an orographic precipitation model [J]. Journal of Applied Meteorology, 2000, 40: 1592 - 1606.

[18] KUMMEROW C, et al. The status of the Tropical Rainfall Measuring Mission after two years in orbit [J]. Journal of Applied Meteorology, 2000, 39: 1965 - 1982.

[19] KUSSELSON S H. The operational use of passive microwave data to enhance precipitation forecasts [C]. Preprints, 13th Conference on Weather Analysis and Forecasting, Vienna, VA, American Meteorological Society, 1993: 434 - 438.

[20] LAENEN A. Acoustic Velocity Meter Systems [M] //U. S. Geological Survey, Techniques of Water - Resources Investigations, Book 3, Chapter A17.

[21] LEONE D A. Meteorological Considerations Used in Planning the NEXRAD Network [C]. American Meteorological Socieity [M]. 1989.

[22] LIU C, ZIPSER E, NESBITT S W, et al. Global distribution of tropical deep convection: Different perspectives using infrared and radar as the primary data source [J]. Journal of Climate, 2007, 20: 489 - 503.

[23] LÖFFLER - MANG M, JOSS J. An optical disdrometer for measuring size and velocity of hydrometeors [J]. Journal of Atmospheric and Oceanic Technology, 2000, 17: 130 - 139.

[24] MANDEEP J S, HASSAN S I S. 60 - to 1 - minute rainfall - rate conversion: Comparison of existing prediction methods with data obtained in the southeast Asia region [J]. Journal of Applied Meteorology and Climatology, 2008, 47: 925 - 930.

[25] MARSHALL J S, PALMER W M. The distribution of raindrops with size [J]. Journal of Meteorology, 1948, 5: 165 - 166.

[26] MARZANO F S, MUGNAI A, TURK F J, et al. Precipitation

Retrieval From Spaceborne Microwave Radiometers and Combined Sensors [J] . Advances in Global Change Research. , 2002, 13: 107 - 126.

[27] MATROSOV S Y, KINGSMILL D E, MARTNE B E, et al. The utility of X - band polarimetric radar for quantitative estimates of rainfall parameters [J] . Journal of Hydrometeorology, 2005, 6: 248 - 262.

[28] MATROSOV S Y, CLARK K A, MARTNER B E, et al. X - band polarimetric radar measurements of rainfall [J] . Journal of Applied Meteorology, 2002, 41: 941 - 952.

[29] National Research Council. Flash Flood Forecasting Over Complex Terrain: With an assessment of the sulphur mountain NEXRAD in southern California [C] . The National Academies Press, 2005: 206.

[30] NESBITT S W, ZIPSER E J, CECIL D J. A census of precipitation features in the tropics using TRMM: radar, ice scattering, and lightning observations [J] . Journal of Climate, 2000: 13, 4087 - 4106.

[31] SCOFIELD R A, KULIGOWSKI R J. Status and outlook of operational satellite precipitation algorithms for extreme precipitation events [J] . Weather and Forecasting, 2003, 18: 1037 - 1051.

[32] SCOFIELD R A, KULIGOWSKI R, DAVENPORT C, et al. From satellite quantitative precipita - tion estimates (QPE) to nowcasts for extreme precipitation events [C] . Preprints, 17th Conference on Hydrology, American Meteorological Society, 2003.

[33] SCOFIELD R A, KULIGOWSKI R J, DAVENPORT J C. The use of the Hydro - Nowcaster for Mesoscale Convective Systems and the Tropical Rainfall Nowcaster (TRaN) for landfalling tropical systems [C] . Preprints, Symposium on Planning, NOw-casting, and Forecasting in the Urban Zone, Seattle, American

Meteorological Society, 2004.

[34] SEGAL B. The influence of raingauge integration time on measured rainfall - intensity distribution functions [J] . Journal of Atmospheric and Oceanic Technology, 1986, 3: 662 - 671.

[35] STEINER M, HOUZE R A, YUTER Jr S, et al. Climatological characterization of three - dimension storm structure from operational radar and rain gauge data [J] . Journal of Applied Meteorology, 1995, 34: 1978 - 2007.

[36] TURK M A, KUSSELSON S J, FERRARO R R, et al. Validation of a microwave - based tropical rainfall potential (TRaP) for landfalling tropical cyclones, Feb 8 - 13 [C]. Preprints, 12th Conference on Satellite Meteorology and Oceanography, Long Beach, CA, American Meteorological Society, 2003.

[37] VILA D A, SCOFIELD R A, KULIGOWSKI R J, et al. Satellite rainfall estimation over South America: Evaluation of two major events [J] . NOAA Tech. Rept. NESDIS, 2003, 114: 17.

[38] WHITE A B, JORDAN J R, MARTNER B E, et al. Extending the dynamic range of an S - band radar for cloud and precipitation studies [J] . Journal of Atmospheric and Oceanic Technology, 2000, 17: 1226 - 1234.

[39] WHITE A B, NEIMAN P J, RALPH F M, et al. Coastal orographic rainfall processes observed by radar during the California Land - falling Jets Experiment [J] . Journal of Hydrometeorology, 2003, 4: 264 - 282.

[40] YUTER S E, HOUZE R A, SMITH Jr E A, et al. Physical characterization of tropical oceanic convection observed in KWAJEX [J]. Journal of Applied Meteorology, 2005, 44: 385 - 415.

第 4 章 预警中心基础设施

具有山洪预报功能的预警中心应具有处理和分析雨量站、流量站数据及遥感（雷达和卫星）数据，检测山洪的发生并预测其影响的能力。预警中心需要建设各种硬件、软件（包括计算机应用程序）以及通信设施来支撑这种突发洪水检测和预测的能力。此外，预警中心还需要具备维护程序和数据备份的能力。

4.1 本章内容

本章适合于对硬件和软件类型（操作系统和应用程序）、维护程序和备份计划等有基本了解的人员阅读。

本章将讨论以下主题：

（1）预警中心使用的操作系统和硬件（工作站）。

（2）预警中心用于收集、分析、整合、显示数据和发布产品的应用程序。

（3）备用系统及其重要性。

（4）预警中心的维护计划要求。

4.2 操作系统和硬件要求

预警中心要求计算机和操作系统能够有效地收集、处理、监视和显示地球观测数据，并制作和发布预警产品。目前，硬件和操作系统主要有两类选择：使用 Windows 或 Mac OS X 系统的 PC 机和基于 UNIX 的工作站。每一类操作系统都有各自的优势和劣势，故宜根据个人喜好选择操作系统。但是，无论哪种系统都需要开展有效的维护、建立备份，确保数据随时可用并得到及时处理。

提示

国家气象水文机构（NMHS）应确保防火墙和其他安全措施到位，保障网络系统正常运行。

最佳情况是，NMHS 下辖的所有预警中心都使用相同的硬件、操作系统和应用程序，这样可使开发、维护、故障排除和操作标准化，并节省资金。但事实上，一个预警中心选择的操作系统和硬件往往是由规章制度、员工的技能和能力以及预算因素所决定。

操作系统和硬件的要点

（1）在预警中心使用基于 Windows 或 Mac 操作系统的 PC 机或者基于 UNIX 或 Linux 操作系统的工作站，需要考虑其各自的利弊。

（2）配备监测设备的通信模块时，必须考虑到其在恶劣环境条件下的可靠性。

（3）所有系统都需要具有冗余和安全措施来确保不间断的操作。

（4）在所有预警中心内使用相同的硬件、操作系统和应用程序可降低开发、维护、故障排除和操作的成本。

中心运营所需的工作站数量取决于硬件和操作系统、应用程序数量、通信条件以及确保关键功能冗余配置方式。

4.3 计算机应用程序

计算机应用程序（软件）使预报员了解、掌握山洪的态势，提供用于决策的原始观测数据，生成可发布的预警产品。为了能够快速表征和确定山洪威胁，计算机程序应具有足够快的处理速度、足够的监测网络密度以及足够密集的采样频率。

原则上，计算机应用程序（软件）可以帮助预报员完成相关工作。一般而言，支持预报的计算机应用程序应具有以下功能：

（1）实时采集地面监测数据，特别是降雨和流量数据。

（2）实时处理和存储数据。

（3）检测超过阈值标准的数据。

（4）分析监测数据。

（5）显示数据和导出信息，以便使预报员掌握情况。

（6）创建、发布文本和图形产品。

每个预警中心可自行开发、定制或利用他人开发的应用程序。以下是一个支持山洪预警的计算机程序所具有功能，但可能并不全面：

（1）采集、解码并存储监测数据。

（2）对监测数据和元数据的关系数据库进行管理。

（3）检查录入的监测数据的质量和标记或拒绝不可信的读数。

（4）显示数据：

1）以表格形式展现站点数据。

2）以图形形式展现站点数据。

3）在地图上显示站点数据。

（5）比较降雨量估算值与山洪指导（FFG）值预警指标（本指南第 5 章），当超过图 4.1 中所标出的阈值时，提醒预报员。

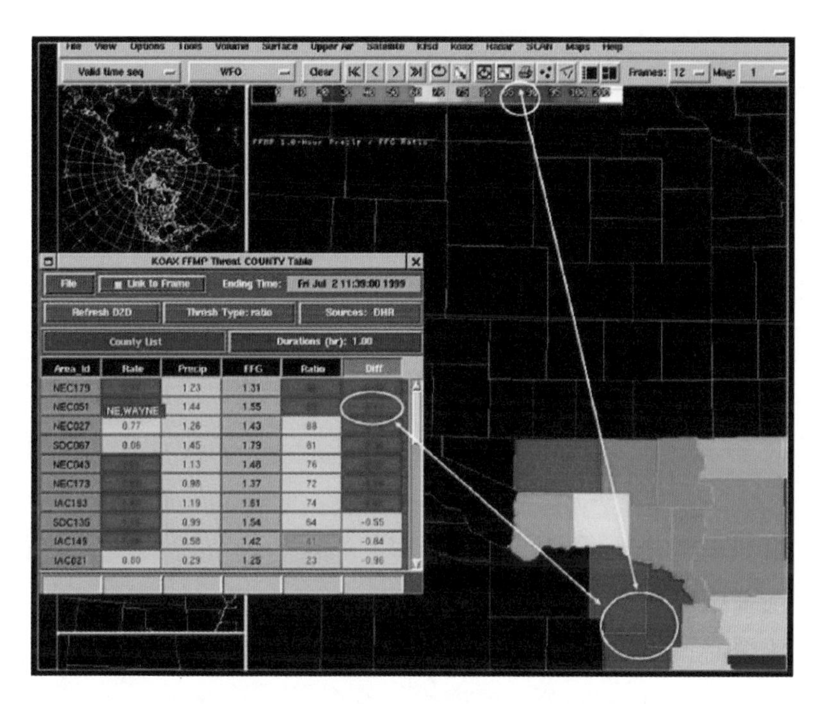

图 4.1　一个山洪预报软件界面示例

（6）比较降雨估算值与山洪潜势指数（FFPI）或预警指标（本指南第 5 章），并提醒预报员。

（7）计算站点监测数据发展趋势，当超过或接近 FFG 值时提醒预报员。

（8）计算降雨移动路径并与洪水演进路径进行比较。

（9）实时标绘和显示雷达回波强度数据，超过阈值时提醒预报员。

（10）显示雷达观测的累积降雨值，提醒预报员关注重点领域。

（11）通过 $Z-R$ 关系曲线，建立雷达回波强度和降雨强度之间的关系，并关联至 FFG 值或 FFPI。

（12）生成监测数据、日常预报和预警产品的文字和图形总结。

（13）通过适宜的渠道发布预警产品。

计算机应用和处理程序要点

（1）山洪预警中心的应用程序具有了解掌握山洪情势、决策支持以及制作发布山洪预警产品的功能。

（2）预警中心可以借用其他中心开发的应用程序或开发自己的定制软件。

4.4 备用能力

正如在本指南第3章中“备用通信”一节所简要讨论的那样，预警中心应准备几套备用方案。当某个中心的主要通信线路发生故障时，应立即启动数据收集和产品发布的备用通信路径，因此中心不能仅依靠单一的网络、设备，同时应建设或配置备用的网络，采用一主一备的方式进行通信。

提示

以下设施需要建立备用能力：

（1）通信设施。

（2）硬件。

（3）软件系统。

此外，也可采取替补的方式建立备用系统，如果某个省级或地方预警中心通信中断无法正常运行，则临近的预警中心应替补其功能。正常情况下，一个中心应该与至少两个中心建立连接，建立替补协议，以便在关键时刻发挥替补作用（图 4.2 和图 4.3）。

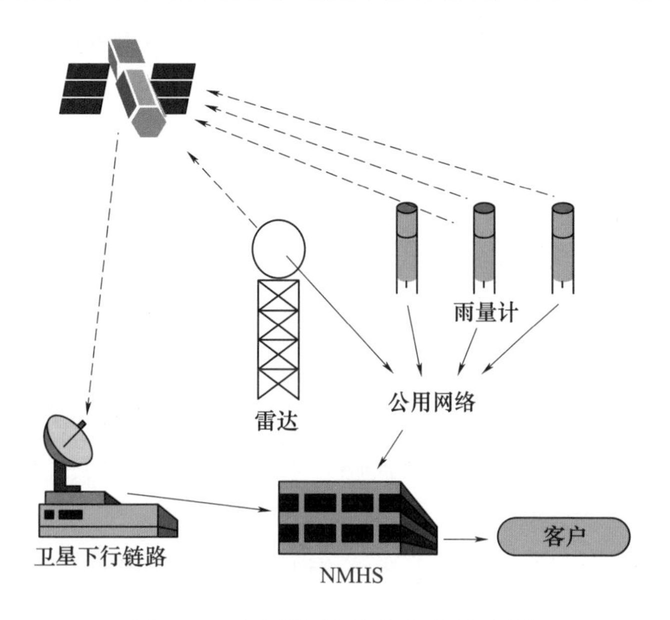

图 4.2　备用数据通信路径的示例

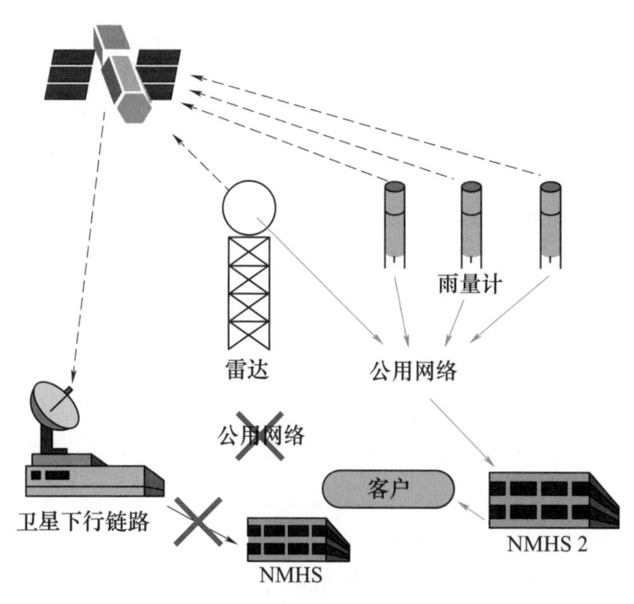

图 4.3　水文气象机构功能替补的示意图

采用替补的方式，理论上应覆盖原有中心相应的功能，但其代价也是高昂的。作为替补的中心须接受相应的操作程序培训。而且，如果备份中心要采集所有相关的数据，还需要建立额外的通信通道。同时，替补中心的工作人员必须经常备份并测试相关程序。

鉴于成本较高而且使用频率过低，完全替补只能作为最后的手段。预警中心应努力在通信、硬件和软件上具备备用能力，以便在系统中断时能够继续运行。备用硬件显得尤其重要，它可与多个的通信渠道、多个网络获得的降雨和流量数据等并行运行，确保应用数据在关键时即刻投用。此外，备用系统还可以作为培训工具使用。

预警中心应基于现实条件，为监测平台、通信硬件和计算机提供备用电源。对于远程监测站点而言，备用电源可由太阳能电池供电。对于像雷达站和预警中心计算机这样的主要设施来说，一个相当大的柴油发电机组是必需的，这可能带来一笔相当大的投入。但当由于风暴或其他原因导致主要电力设施损坏时，这笔投入的价值就体现出来了。预警中心应储存至少 3 天足够使用的发电机燃料，并定期测试系统（含配套的不间断电源），确保在主电源不能工作的情况下顺利切换。

备用能力要点

（1）采用替补方式，理论上可提供原有中心的全部功能，但成本很高。

（2）鉴于成本较高而且使用频率过低，完全替补只能作为最后的手段。预警中心应努力在通信、硬件和软件上都具备备用（冗余）能力。

4.5 维护要求

一个协调一致并得到广泛支持的维护计划对预警中心至关重要。有必要根据预警中心部署的设备类型以及对设施设备维护保养的程度，合理制订维护计划。如预警中心自行布设流量站或雨量站，那么相应的维护人员培训及技能的要求将与依赖国际化的监测网络有着天壤之别。

我们强烈建议进行内部维护，而不是雇佣外部团队来维护关键设备，理由如下：

（1）技术人员的可用性强，在正常工作时间之外还可开展相关工作。

（2）更好地开展技术人员培训。

（3）为技术人员的上升空间创造阶梯。

（4）理解工作的重要性，能够在重大洪水事件中做出更及时的应对和响应。

采用运行维护业务外包的方式，其优势在于预算和投入方面：

（1）培训费用较低，初始和进修课程投入少。

（2）可节约全职人员支出。

（3）对于一些工作量较小的维护，可不用再雇用人员。

无论是内部维护还是外包，或两种方式并行，都必须确保所有的维护活动是可追溯的。预警中心应建立工程维护报告系统（EMRS）。

由 EMRS 采集的信息是确保预警中心做出及时响应的关键因素。EMRS 应具有数据收集、分析和管理维护流程的功能：

（1）确定系统可靠性和可维护性。

（2）预测系统和设备维护需求。

（3）衡量系统和设施升级改造的有效性。

（4）提供指定系统和设施的配置数据。

（5）提供系统运行状态的实证记录。

（6）监测指定系统和设施所消耗的资源。

（7）提供程序性能数据。

（8）进行维护工作流程管理。

（9）评估系统和设施维护要求，并协助制定未来的维护人员配备计划。

预警中心应对以下5种类型的运行维护事件建立台账：

（1）纠正性维护——纠正故障，并将系统设备或设施运行恢复到规定的性能和指标（包括计划外和非定期维护，以及显示已经发生或即将发生故障而进行的系统硬件或软件维护）。

（2）设备管理——完成系统、设备或设施激活、停用、搬迁和其他类似的活动。

（3）改造——通过硬件或软件进行改进或扩展，调整设备正常使用年限或满足新的功能或指标要求。

（4）专项活动——为满足特定目的而进行的数据采集、系统或设备安装、设备搬迁、设备改造、系统测试和其他类似活动。

（5）预防性的例行维护——在系统、设施设备上执行的有计划或定期的维护操作，以确保在规定的正常使用年限内正常运行并减少故障概率。

综上，EMRS已成为关键设备维护、运行管理人员配置、预算制定的核心系统。

4.5.1 软件维护

大多数软件维护工作有以下几种类别：

（1）安装商业软件，包括操作系统和应用程序。

（2）保持商业软件（操作系统和应用程序）为最新版本，加载补丁。

（3）协助程序员开发、调试并维护计算机程序，并发布这些程序。

（4）对来自其他预警中心的应用程序根据本预警中心实际情况进行调整。

4.5.2 硬件维护

硬件维护的内容如下，从中可以看出，预警中心硬件维护人员应具有广泛的专业背景：

（1）流量站。

（2）自动雨量站和监测站网。

（3）电脑。

（4）工作站。

（5）服务器。

（6）路由器。

（7）电缆。

（8）防火墙。

（9）电话系统。

（10）卫星上行链路和下行链路。

（11）超短波通信线路。

（12）短波无线电台。

4.5.3 技术人员培训

对运行维护技术人员需进行以下领域的业务培训：

（1）机械装置（如翻斗式雨量站）。

（2）电子设备（如路由器、卫星下行链路、无线电电台）。

（3）软件。

相对而言，监测站点安装、维护，操作系统和编程的培训机会较容易获取（如通过国际渠道），应尽可能加以利用。一些电子设备（如路由器、卫星下行链路、无线电电台）的培训机会较少，但预警中心对此应列支预算，因为这些设备决定了预警中心能否正常运行。

山洪预警系统维护计划要点

（1）一个协调一致并得到广泛支持的维护计划对预警中心至关重要。

（2）无论是内部维护还是外包，或两种方式并行，都必须确保所有的维护活动是可追溯的。

（3）预警中心应建立运行维护事件台账制度，通过事件台账追溯维护管理流程。

（4）可通过国际渠道，获得监测站点安装、维护的培训机会。

（5）一些电子设备（如路由器、卫星下行链路、无线电电台）的培训机会较少，但预警中心对此应列支预算，因为这些设备决定了预警中心能否正常运行。

第 5 章

山洪预报子系统

5.1 概述

开展山洪的识别和预报具有一定的挑战性，因为它们并不总是仅由气象现象引起的。某种气象和水文条件的组合作用也会造成山洪。强降雨通常是引起山洪的一个因素，但在一定的降雨量和降雨持续时间下，能否引发山洪则取决于降雨所在流域的水文特征。如第 2 章所述，这些水文特征变量包括以下 10 个：

（1）径流的量级、产流效率。

（2）流域面积和山洪沟的基流。

（3）流域面积。

（4）降雨强度。

（5）降雨历时。

（6）暴雨中心相对于流域的位置，暴雨中心的移动。

（7）土壤质地和前期土壤含水量。

（8）土壤植被覆盖率和类型。

（9）土地利用特征，包括城市化和森林砍伐等因素。

（10）地形和坡度。

虽然许多不同的因素可能引起或加剧山洪，但是降雨引发的山洪有以下共同特征：

（1）对流云层形成大量降雨。

（2）大气层含水量异常。

（3）大气中水分能迅速补给。

（4）具有促进平流移动的大气条件。

除了强降雨，其他因素也可能引发山洪，包括大坝和堤防溃决、快速融雪、河流冰塞、在森林被烧毁或砍伐后附近流域的降雨等。本章的重点将放在由强降雨事件引发的山洪预报预警，不涉及大坝和堤防溃决、快速融雪、河流冰塞等诱发的山洪事件预报预警。

从监测子系统获取数据后（参见第3章），预警中心如何确定何时发出预警？此时，从非常基本的人工系统到自动化的计算机系统的数据分析工具均可利用。人工系统通常由平均降雨量和洪水指数得出的表格、图形和图表组成。计算机系统可以包括复杂的数据管理、建模、预测和自动警告发布等模块。从基础到复杂的各种模块可以组合起来，以满足具体的洪水预警系统的需求，也可以对许多模块进行修改以提高系统的效率、可靠性和预见期。其中一些模块如下：

（1）输入数据的质量控制。

（2）以表格或地图形式显示观测的降雨数据。

（3）以表格或图形形式显示观测的流量（水位）数据。

（4）以表格或图形形式显示气象传感器数据（如温度、风速）。

（5）根据降雨强度、水位传感器的水位或上升速率，风速阈值等进行声、光报警。

（6）以实时观测和预测的天气条件（包括观测或预报的降雨量或流量信息），作为水文模型的输入条件。

（7）以文本和图形形式展现选定地点的历史事件。

（8）应急管理部门和预警中心之间的信息交换通道，用于交换有关预报、预警和当前状况等信息。

（9）雷达和卫星降雨估算产品。

本章着重介绍了两个不同的子系统，用以检测和预报山洪过程。第一个子系统通常被称为局地洪水预警系统（LFWS），该系统由人工或自动水文气象监测设备加上一些采集和处理数据的方法组成。第二个子系统应用了山洪指导（FFG）方法，该方法被美国国家气象局（NWS）和部分国家广泛采用。在已知土壤湿度的情况下，该方法通过建立降雨和径流的关系以确定山洪的严重程度。最新的山洪指导方法甚至包括了当地地形、土地利用、土壤条件等其他影响因素。虽然还有其他几种山洪预报预警方法，但LFWS和FFG系统（FFGS）是最为普遍而且已被广泛应用的山洪预警子系统。本章还将介绍全球山洪指导系统的相关信息。

5.2　山洪预报的不确定性

建设山洪预报预警系统的主要目的是为公众和应急管理人员提供足够的预见期和准确性，以便其采取适当的行动来减少生命财产损失。如果仅仅采用观测到的水文气象资料，那么预警时间可能太短，对公众来说可能没有多大价值（因为发布传播预警也需要时间，详见本指南第6章）。将气象预报（来自全球和区域数值天气预报模型）与水文模型相结合，山洪预报在未来可以将预警应对时间延长到几个小时（如第6章所述）。这种耦合预报模型虽然延长了用户的预警应对时间，但也进一步增加了预报的不确定性。因为观测数据和潜在的数据错误，具有物理机制过程的洪水水文模型参数（近似值）和考虑力学机制建立的模型（由于空间和时间分辨率等方面的限制）的局限性，都会导致预报的不确定性。

如前所述，山洪是水文气象现象。鉴于气象资料对山洪预报的重要性，国家级气象和水文部门需要密切合作。无论是采用LFWS还是FFGS，都需要将气象数据与水文资料、模型构建和历史经验知识结合起来，最大限度地延长预见期，降低预报和预警的不确定性。

5.3 本章内容

本章描述了全球目前正在使用的一些山洪预报子系统，适用于那些需要开发一个新的山洪预报子系统，或将其作为多灾种预警系统的一部分或作为一个独立程序的读者。本章包含以下部分：

（1）LFWS，包括简易、自动的报警系统等。

（2）FFGS以及确定FFG值方法。

（3）山洪监测和预报系统（FFMP），NWS正在使用的监测和预报系统。

（4）通过山洪潜势指数（FFPI）确定山洪潜在的发生风险。

（5）由美国水文研究中心（Hydrologic Research Center，HRC）开发的全球山洪指导系统（GFFGS）。

（6）山洪预报子系统的示例，包括菲律宾的简易系统、美国的局地实时自动评估（ALERT）系统、波兰的系统、中美洲山洪指导（CAFFG）系统和日本的全球洪水预警系统（GFAS）。

更多的端到端的山洪预警子系统的例子将在第8章中被提供。

5.4 局地山洪预警子系统

根据数据采集方式的不同，局地山洪预警子系统分为两种类型：简易的局地洪水预警子系统和自动局地山洪预报子系统。两种类别系统的基本功能是一致的，即：检测到超过阈值的降雨后发出预警，确保足够的应对时间和准备，尽量减少山洪灾害风险。如何选择一个对当地最有效的局地山洪预警子系统的类型是一个复杂问题，这一般取决于该地区技术人员对相应系统的熟悉度和适应度。

5.4.1 简易山洪预警子系统

目前运行的许多局地山洪预警子系统都是简易（由当地组织部署、维护和使用的）系统，价格低廉、操作简单。简易系统由本地数据收集系统、社区防洪责任人、简单易用的洪水预报程序、发布警报的通信网络以及应急计划组成。

最简单和便宜的数据收集方法是招募志愿者或者观察员收集降雨和河流（河段）的数据。通过固定电话、手机、收音机、互联网或其他渠道向社区防洪责任人报告，也可以使用价格便宜的塑料雨量计替代。防洪责任人负责招募和维持志愿者群体。

在偏远地区条件下，如果无法获得足够可靠观测人员，则需要自动雨量计、流量计等设备。

国家气象水文机构（NMHS）有时会为局地山洪预警系统的防洪责任人提供一个简单易用的预报程序。该程序通常包括使用观测或预报降雨量的图表，以及用于估算山洪风险的FFPI。

FFPI由NMHS提出，并提供给防洪责任人，它包括各种洪水预报方案，还有可能包括洪水演进时间或洪峰发生的历时、量级等。

虽然简易系统预警误报率较低，但是无法为强降雨事件提供详细的时段降雨监测信息，而通过自动雨量站获取过程雨量或时段雨量则相对容易得多。

5.4.2 自动局地山洪预警子系统

在过去的20年中[1]，技术的快速发展、小型计算机成本的降低促进了自动LFWS的发展。三大主要的局地山洪预警子系统分别是山洪报警系统（Flash Flood Alarm System）、ALERT和综合洪水观测预警系统（Integrated Flood Observing and Warning System，IFLOWS）。

自动局地山洪预警子系统由传感器组成、平台等组成。传感器通过某种通信协议向平台计算机报告所在地的环境条件，而平台和其他计算机系统之间采用另一通信协议传输信息。

自动局地山洪预警子系统通常由以下设备组成：

（1）自动雨量站或水位（流量）站。

（2）通信系统。

（3）自动数据汇集和处理设备。

（4）微处理器。

（5）分析和预报软件。

局地自动山洪预报子系统由NMHS和其他政府机构（包括省级和地方政府）以及私营企业设计、开发和广泛使用；不同的

[1] 指2010年之前的20年。

系统在设计、功能和操作上有所不同。一个地区根据对山洪预报预警的需求，确定其所需系统的复杂程度（以及相关的系统获取和维护成本）。自动局地山洪预警子系统可以是一个简单的山洪报警器，也可以是由计算机分析的观测降雨、流量数据与水文模型的耦合系统。

5.4.3 山洪报警系统

山洪报警系统由一个连接社区机构、具有全天候运行的声光报警装置和水位传感器构成，当其超过一个或多个预设水位指标时就会触发报警。如果系统设置了两个预设水位，则可以获取水位上升速率参数。对水位传感器设置预定的临界水位，并且置于社区上游足够远的距离处，才能够为居民提供充足的预警时间。雨量传感器也可以位于社区的上游，当降雨量超过预设降雨量时，雨量传感器会发出警报。如果山洪暴发与城镇有关，那么监测点也应位于在洪水易发区域的上游位置。传感器与报警器之间的通信可通过无线或有线方式。

5.4.4 局地实时自动评估系统

局地实时自动评估（ALERT）系统最初于20世纪70年代由位于加利福尼亚州萨克拉门托市的加利福尼亚州-内华达河流预报中心开发。该系统由事件驱动的水文气象传感器、通信部件、计算机软硬件组成。ALERT传感器采集的信号经过编码，通过中继站，以高频（VHF）和超高频（UHF）无线电的方式传送到平台。由无线电接收设备和运行ALERT软件的微处理器组成的平台收集这些编码信号，并将其处理成有意义的水文气象信息。处理后的信息可以根据预先设定的标准显示在计算机屏幕上，当达到这些标准时，发出声光报警信号。某些系统还具有在超过预设标准时自动通知个人或启动其他程序化操作的能力。另外，观测到的数据可以被输入至降雨径流模型中以产生预报产品。如果对 ALERT 系统感兴趣，可通过 ALERT 用户联盟网站（http：//www. alertsystems. org）学习相关技术。

ALERT 系统一般是由本地资助建设的独立系统。许多 ALERT 系统由多个组织参加建设并维护，每个参与者拥有或维护整个系统的一小部分。安装一个新的传感器站点大概会花费几千美元，但只有站点和传感器维护是经常性费用。附录 B 对 ALERT 系统进行了全面概述，包括其优缺点分析。

5.4.5 综合洪水观测和预警系统

如 Gayl 和《NWS 水文手册》所述，NWS 开发一种计算机系统和网络应用程序，其目的是协助州和地方应急管理部门以及国家气象中心（NMC）的分支机构检测和管理山洪事件。该系统可接收和发布来自实时气象水文监测网络的数据（主要是美国东部地区的雨量站监测数据），且该系统具有显示监测站点数据、发布警报以及与其他网络用户信息交换的能力。这个系统被称为综合洪水观测和预警系统（IFLOWS）。该系统虽然已显落后，但作为一个成功的洪水预警系统的案例仍被本书收纳。

IFLOWS 由美国联邦政府、州政府和地方政府机构之间共同分担建设和运行维护成本。目前，该系统收集来自美国东北部地区超过 1000 个雨量站点的数据，系统网址是 http：//www. afws. net。该系统可以被视为 ALERT 型系统的增强版，具有全面双向通信能力（语音、数据和文本）。如果有需要，IFLOWS 可以改造为为本地社区服务的独立系统，因为 IFLOWS

和 ALERT 系统采用了相同的的传感器技术。一般而言，为本地建立独立系统首选 ALERT 系统。对于局地山洪预警系统的建设者，在设计阶段应考虑网络配置及其相关的功能和成本，使其具备服务本地的独立配置。

附录 B 对 IFLOWS 进行了全面概述，包括其优缺点分析。

局地山洪预警子系统要点

（1）简易和自动局地山洪预警子系统的目标是一致的：检测到超过阈值的降雨事件后发布预警信息，确保有足够的预警时间做好相关准备，以尽量减少山洪灾害风险。

（2）简易系统（包括本地数据收集系统、社区防洪责任人、洪水预报程序、通信网络、响应方案）价格低廉、操作简单，但可能无法获得精确的雨量观测数据。

（3）山洪报警系统由一个连接到的社区机构、全天候运行声光报警装置及水位传感器构成。

（4）一个自动化的局地山洪预警系统（山洪报警系统、ALERT 系统或 IFLOWS）由以下设施设备组成：自动雨量和水位（流量）监测站点、通信设施、数据汇集和处理设备、微处理器（平台）和分析预报软件。

（5）IFLOWS 可以被视为 ALERT 系统的广域网络版本，具有增强型全面双向通信能力。

5.5 山洪指导子系统

山洪指导（FFG）的定义是：指定区域、指定历时的面平均降雨量达到此数值时会发生溪流洪水。在美国，FFG 以“英寸（in）”为单位来表示，对应的降雨历时为 1h、3h、6h。在这个定义中，“溪流”一词是特指小流域的溪流。一般而言，山洪发生在面积小于30平方英里（77km²）的流域。例如，如果3h的山洪指导是1.50in（38mm），那么当3h内降雨量超过这个数值时，溪流就会发生洪水。

5.5.1 确定山洪指导的方法

山洪指导（FFG）值是一组由当前土壤湿度状态和临界径流深控制的降雨估值。临界径流深（ThreshR）是引发山洪所需的净雨量，它是一个基于河道和流域的地理和水文特征的固定值。

土壤湿度状况的不断变化依赖于增益和损失过程。湿度增益来自降雨和融雪，而湿度损失来自蒸发蒸腾、径流渗透到土壤深层。在NWS河流预报中心（RFC）运行的河流预报模型中使用了土壤湿度状况估计值。当使用降雨径流模型时，输入降雨和土壤湿度状况来计算径流深。计算FFG的过程则与之相反，输入临界流量和当前的土壤湿度状况来计算引发洪水所需的降雨量，

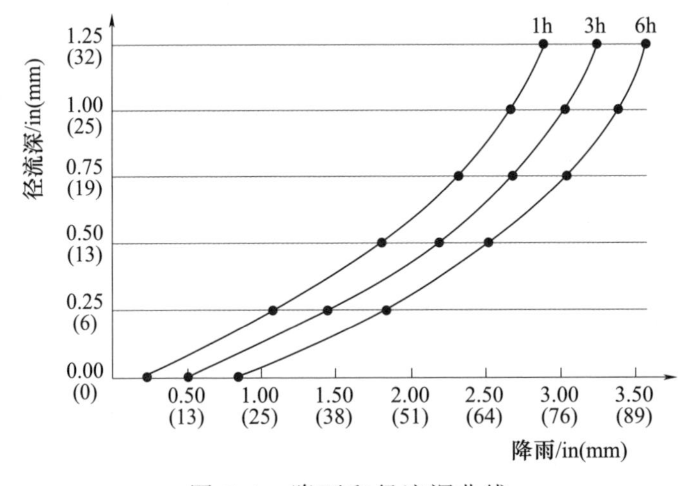

图5.1 降雨和径流深曲线

计算出的降雨量就是FFG。图5.1显示了3次持续降雨和径流之间的典型关系。

在美国，河流预报中心为每个目标流域定期生成降雨径流曲线。产生这些曲线的模型中考虑了近期降雨或融雪引起的土壤湿度变化，当土壤湿度条件变化时，降雨径流关系也将会随之改变。

临界径流深是该洪水位对应流量与特定历时单位线峰值的比值。单位线将特定流域中1in径流深与特定历时的总径流深联系起来，如图5.2所示。通过水位-流量关系曲线确定某洪水位下对应的流量，用以代替河道测量结果。水位流量关系曲线反映了河道水流深度与流量的对应关系。

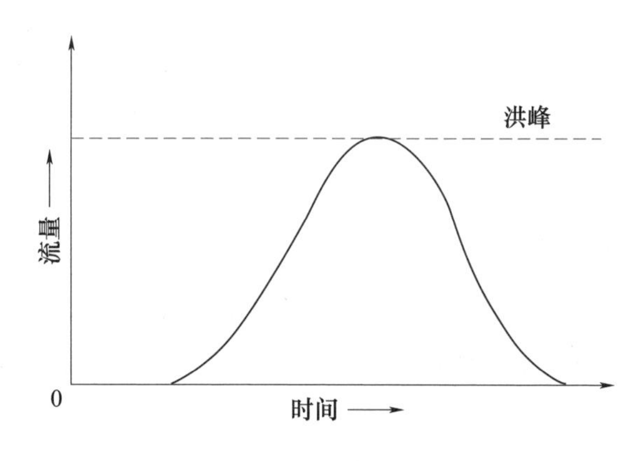

图5.2 单位线

一般情况，不直接计算流域的临界径流深。采用平滩洪水位是一种替代洪水位的方式，该水位可以通过野外测量的多条无测量记录资料河流获得，反映了沟道中的水深，该水位时洪水淹没就开始了。图5.3给出了河道中洪水位（平滩水位）和临界径流深的情况。单位线峰值的确定，可基于流域的物理特征和经验确定。

一旦计算出临界径流深，就可以使用降雨-径流曲线来计算

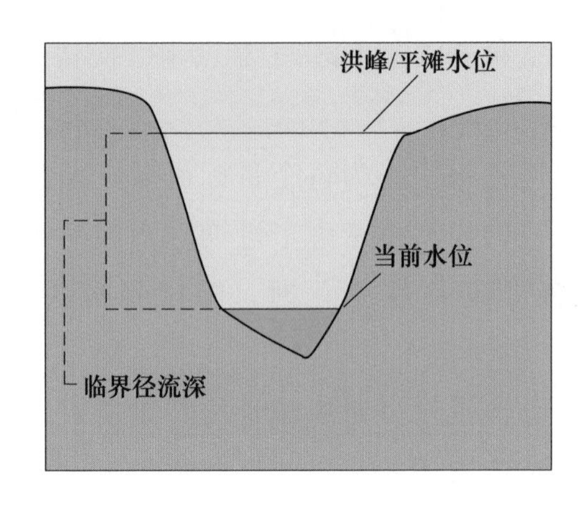

图 5.3 平滩水位

能产生某临界流量的降雨量，这个降雨量就是 FFG。请注意，降雨-径流曲线来自流域的平均参数。因此，由此产生的 FFG 也将反映整个流域的值。

例如，图 5.4 表明，如果 1h 的临界径流深是 13mm，那么 13mm 的径流深将由大约 46mm 的降雨量产生。这个 46mm 则是该流域 1h 的 FFG 值。

RFC 为每个流域都绘制了临界径流深和降雨-径流曲线，因此，对于每一个流域来说，河流的 FFG 代表了全流域的 FFG。采用模型、软件工具与网格化雷达降雨估值进行比较时，比较可取的方法是使用网格化 FFG，因为它能够更好地体现每个网格单元的物理和径流特性。

提示

为了有效地使用雷达降雨估值，需要使用与雷达数据相同的空间网格尺度上的 FFG。

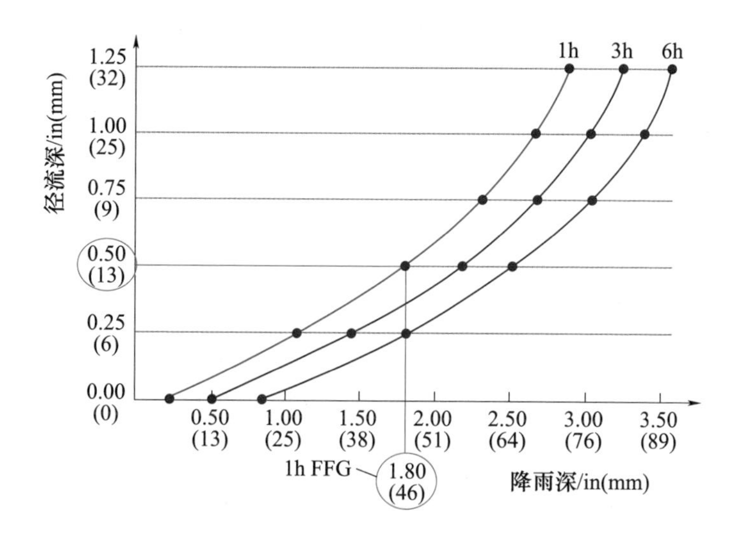

图 5.4　通过临界径流深得到山洪指导值

FFG 系统被设计成不依赖于降雨径流模型的一种独立系统。当 RFC 预报系统通过降雨径流模型制作降雨-径流曲线时，FFG 系统同时产生的土壤湿度状况数据。根据降雨数据的可用性，RFC 预报系统可以每 6h 更新一次土壤湿度状况，同样，FFG 系统每 6h 计算一次 FFG。

美国国家海洋和大气管理局（NOAA）的 NMC 运用以下 3 种方式计算和显示 FFG：

（1）流域 FFG[1]。

（2）网格化 FFG。

（3）郡县级 FFG。

图 5.5 中的流域 FFG 是流域出口点的 FFG。换句话说，流域出口处的洪水是流域内面平均降雨量引起的。

网格化 FFG 是在网格单元系统中的 FFG。它代表每个网格

[1] 英文原文为“Headwater FFG”，根据上下文意思并专题讨论，此处译为“流域 FFG”。

单元内所需的能够引发洪水的雨量。目前 NOAA 的 NMC 在水文降雨分析项目（HRAP）中使用网格化 FFG。网格尺寸约为 4km×4km，与雷达降雨估值网格尺寸相同。密苏里流域的网格 FFG 虽然是一个“网格”产品，但流域中的每个网格框具有相同的“流域”FFG 值。

郡县级 FFG 是郡县级行政单位平均 FFG。因为它是通过在该行政单位内对网格 FFG 进行平均插值得到，所以它的值可能包括该单位内具有很大差异的地区的不同 FFG 值。从水文角度来看，这可能并不理想，因为郡县平均化的 FFG 值可能会弱化某些更小行政单位、而且有特别差异的网格 FFG 值。

NWS发布的《山洪指导》样例

```
  M I S S O U R I   H Y D R O L O G I C   S E R V I C E   A R E A S
HEADWATER BASIN CREST STAGE GUIDANCE
1012 AM CDT THU JUN 22 2006
.B KRF 060622 Z DH12/DC0606221512 /DUE/PPHCF/PPTCF/PPQCF
:IDENT     1HR   3HR   6HR  HEADWATER NAME        STREAM
:======= ==== ==== ==== =================== =================
:
:  ***** PLEASANT HILL HSA *****
:
AGYM7      0.6/  0.6/  0.7 :AGENCY MO 4NE          PLATTE R
BLRM7      2.1/  2.1/  2.2 :BLAIRSTOWN MO          BIG CR
BLVM7      2.2/  2.3/  2.4 :BLUE LICK MO           BLACKWATER R
BONM7      2.4/  2.5/  2.6 :BOONVILLE MO           PETITE SALINE CR
BRLM7      2.3/  2.6/  2.9 :BURLINGTON JCT MO      NODAWAY R
CAXM7      2.2/  2.3/  2.4 :CARROLLTON MO          WAKENDA CR
CHZM7      3.1/  3.2/  3.3 :CHILLICTHE MO 2S       GRAND R
FFXM7      1.7/  1.8/  1.9 :FAIRFAX MO             TARKIO R
FYTM7      1.9/  2.0/  2.0 :FAYETTE MO             MONITEAU CR
KBNM7      3.2/  3.7/  4.5 :KNOBTOWN MO            LITTLE BLUE R
KBRM7      3.3/  3.4/  3.5 :KC MO - BLUERIDGE      BLUE R
KCCM7      3.2/  3.3/  3.4 :KC MO BANNISTER RD     BLUE R
KWPM7      3.5/  4.7/  7.0 :WARD PARKWAY           BRUSH CREEK
LKCM7      3.0/  3.1/  3.2 :LAKE CITY MO           LITTLE BLUE R
MBYM7      2.6/  2.7/  2.8 :MOSBY MO               FISHING R
MYVM7      1.9/  2.0/  2.1 :MARYVILLE MO           102 R
NVZM7      2.0/  2.1/  2.2 :NOVINGER MO            CHARITON R
OTTM7      2.1/  2.2/  2.4 :OTTERVILLE MO          LAMINE R
```

图 5.5　1/3/6h 流域 FFG

5.5.2 分布式模型的前景

利用雨量站校正的气象雷达可获得具有高时空分辨率的降雨量估算产品，从而可以提供更详细地模拟径流情况。计算机模型需体现强降雨和流域下垫面之间的相互作用。由于山洪灾害的局地小规模性质，建模相关的物理过程需要高时空分辨率。分布式径流模型以非常精细的尺度刻画了降雨、土壤特性和土地利用等细节。在分布式建模中，径流特征建模基于网格单元，提供了比FFG方法更能详细描述流量随时间变化的过程。FFG是一个很好的预警山洪的工具，但它并没有表达洪水发生的过程。分布式模型如果经过适当的校准，并与高分辨率、高质量的雷达定量降雨估算（QPE）配合，则可以成功地预测流域面积在100km^{2}以下的小流域的特定洪水过程和流量，也就是说，可以模拟与雨云相应尺度的径流过程，这对于山洪预测非常重要。

随着以地理信息系统（GIS）形式展现的土地利用、土壤特性的数据库发展，出现了大量的分布式模型。Carpenter和Ogden等人，以及Beven和Smith等人，综述了近期分布式水文建模以及可能用于监测预报的问题。但由于QPE的不确定性和模型误差显著影响小流域洪水预报结果，一定程度上阻碍了分布式模型的运用。尽管如此，分布式模型有望在无流量观测的地点提供关于水文预报信息，随着分布式建模的进步和输入数据质量的提高，分布式模型方法将有望取代FFG。

山洪指导要点

（1）FFG的定义是：指定区域的指定历时的面平均降雨量，当降雨达到此数值时会发生溪流洪水。

(2) FFG是由当前土壤湿度状态和临界径流深控制，因此坡度、土壤质地和土地利用的影响无法被充分体现。

(3) ThreshR是在小流域出口，水位到达平滩状态所需的净雨量。

(4) 每个流域的降雨径流曲线由模型定时计算得出，它受土壤湿度的变化和近期降雨和融雪等因素影响。

(5) NOAA的NMC运用以下3种方法计算和显示山洪指导：

1) 流域FFG。

2) 网格化FFG。

3) 郡县级FFG。

(6) 随着分布式模型技术的发展，分布式模型方法很可能会取代FFG方法。

5.5.3 山洪监测与预报系统

NWS的山洪监测与预报（FFMP）系统集成了多传感器站点，能够检测、分析、监测降雨以及产生临近山洪预警信息。FFMP系统的目标是为用户提供准确、及时、一致的山洪预警信息，实现山洪事件的自动监测监控。但它的准确性依赖于准确的降雨和FFG指标。该系统优势有以下5点：

(1) 较长的预警时间。

(2) 较少漏报。

(3) 山洪预警信息更加具体。

(4) 可显著提高预报员对情势的感知能力。

(5) 紧急情况下能降低预报员的疲劳程度。

FFMP系统由NWS在全美国部署，用于提供山洪指导和发布山洪警告。该系统将多普勒监视气象雷达（1988型号）（WSR-88D）监测到的流域面平均降雨量（ABR）对比FFG，来确定山洪的危险性和严重性。

FFMP系统是在一个“流域世界”上进行降雨分析，这意味着所有的计算分析都针对小流域开展的。通过无缝集成的洪水信息，国家气象局预报员可以在气象背景下解析水文灾害。例如，山洪预报员可以监视小流域及其周围的强降雨云团的产生和运动（通过雷达、卫星观测等途径）。这些信息与短期定量降雨估值相结合可以延长预警时间，并提供更精确的洪水威胁区域分布（Davis，1998）。

FFMP系统提供3种基本的工具来检测形成中的山洪：第一种工具是一个GIS小流域划分图层（包含阿拉斯加、夏威夷、关岛和波多黎各），该流域图层是由美国国家强风暴实验室的全国流域划分（NBD）项目创建的（Cox等，2001）；第二种工具是ABR数据，该数据是通过WSR-88D降雨估算的每个小流域每5min降雨量；第三个工具是ABR强度，这是基于当前的每5min的ABR计算的小时雨强，ABR和雨强都是由美国国家气象局宾夕法尼亚州匹兹堡办公室的区域级流域面雨量估值（AMBER）项目开发的（Davis和Jendrowski，1996）。

5.5.4 山洪潜势的确定

山洪暴发通常与降雨强度和流域水文特性有关。即使在干燥的土壤条件下，流域水文特性可能是最重要的影响因素。流域的水文特性受地形、土地植被、土壤类型、地质和土地利用等因素的影响。美国国家气象局使用以下一些程序和工具帮助预报员评估 FFPI 和调整 FFG，使其更能够代表当地条件：

（1）FFPI，主要用于半干旱的美国西部地区。

（2）增强的网格化 FFG（Enhanced Gridded FFG，GFFG），NWS 南部河流预报中心是主要用户。

（3）强制 FFG（Forced FFG），用于帮助 FFMP 系统用户调整特定流域的 FFG 值。

例如，在美国西部，山洪常由强对流天气引发，而且发生在微小流域，山洪安全区与危险区之间相距很短。因此，前文中所述的分布式模型的状况和多变化的地理特征导致确定的 FFG 值不太准确，也阻碍了对每个流域的山洪潜势的准确判断。NWS 西部中心开发的 FFPI 是一种支持准确判断地理参数剧烈变化流域的山洪潜在危险的方法。美国西部地区利用流域的静态 FFPI 修订山洪指导值，通过 FFMP 系统产生质量更高的预警产品。附录 D 提供了 FFPI 的全面介绍。

FFMP 系统和 FFPI 的要点

（1）FFMP 系统由 NWS 在全国部署，并用于提供山洪指导和发布山洪预警信息。该系统运用 WSR－88D 观测的流域面雨量和 FFG 值比较，来确定山洪的危险性和严重性。

（2）山洪指导无法准确地反映流域的水文特性，因此，有必要采用 FFPI、增强的网格化 FFG、强制 FFG 等工具来调整和修正山洪指导值。

5.6 全球山洪指导系统

位于加利福尼亚州圣地亚哥的非营利性公益组织——HRC

提出了覆盖全球的山洪指导系统（GFFGS）的概念，为各国气象水文机构和灾害管理机构发布山洪预警信息服务［世界气象组织（WMO），2007］。这一倡议的目的是为了提高国家、省级及下级地方政府、国际组织、非政府组织、私营部门和公众对山洪灾害的应对能力。水文研究中心的这一倡议的合作伙伴包括 WMO、NOAA、美国国际开发署（USAID）和美国灾害援助办公室（OFDA）。该系统利用了 NMHS 与其他可用的数据、系统、工具和本地的知识，可开展小流域的短时临近山洪风险评估。该系统可以在实时模式下使用，也可以在预测模式下与数值天气预报共同使用。

NMHS 运用全球山洪指导系统分析诊断可能引发山洪的天气事件（如强降雨、土壤饱和条件下的一般性降雨），并快速评估某一区域的山洪潜在危险。GFFGS 的设计能够让预测者因地制宜地加入历史经验，并结合其他数据和信息（如数值天气预报的输出信息），以及本地观测（如非传统的传感器数据）以评估局地山洪威胁。山洪的风险预测是以流域面积为 100～300km^2 的小流域单元在 1h 和 6h 的降雨预报开展的。卫星降雨估值与可用的区域地面雨量监测站数据结合使用，以获得该区域当前的定量降雨估算（QPE）。这些降雨数据也被用来更新土壤湿度估算。

GFFGS 的主要技术要素有 2 个：

（1）卫星降雨预报偏差校正技术的开发和使用。

（2）应用基于物理概念的水文模型以确定 FFG 值和山洪风险。

FFGS 能够应用于世界任何地区，如 CAFFG 系统，目前已成功应用于中美洲地区的 7 个国家：巴拿马、哥斯达黎加、尼加拉瓜、萨尔瓦多、洪都拉斯、危地马拉、伯利兹。该系统也在东南亚的柬埔寨、老挝、泰国和越南使用（被称为湄公河委员会山洪指导系统）。南非的博茨瓦纳、马拉维、莫桑比克、纳米比亚、南非、赞比亚和津巴布韦等国正在[1]安装该系统。

高分辨率卫星降雨数据已经能够在全球范围内获取。GFFGS使用可用性较好和延迟相对较小的NOAA下属的国家环境卫星数据和信息服务中心（NESDIS）开发的全球Hydro-Estimator卫星降雨数据。但该系统也需要地面雨量站数据，以便校正基于卫星的降雨估值的偏差。由于这些地面测量网络的密度在世界各地不同，系统集成数据不确定性成为可靠性计算的一部分。这意味着，地面数据密度越低，降雨估算量和山洪指导值的不确定性越高。为了保证偏差的最小化，卫星降雨估算利用自适应滤波的方法来实时跟踪偏差的变化。

全球数字地形高程数据库和地理信息系统可以用来刻画世界上任何地方的小流域及其流域网络拓扑结构。此外，还可利用基于的全球土壤和土地覆盖的空间数据库进行土壤湿度的计算。

此外，在现行条件下，可建立一个或多个全球数据、通信和数据分析中心来处理现存的历史和近期实时的数据和信息。这些中心能够产生FFG测算参数，通过全球通信网络连接到遍布全球的区域中心网络，然后将信息分发到山洪预警能力匮乏的有关国家的气象水文机构，从而使这些国家的气象水文机构运用获得的数据信息结合本地的信息来发布山洪预警。

---

[1] 指2010年时。

全球山洪指导系统的要点

（1）位于加利福尼亚州圣地亚哥的非营利性公益组织——HRC提出了GFFGS的概念，采用GFFGS可为各国气象水文机构和灾害管理机构提供山洪预警信息服务。

（2）GFFGS是基于流域面积为100～300km^2的小流域单元和其在1h和6h内的降雨预报开展的。

（3）卫星降雨估计与区域地面雨量站数据结合得到该区域校准后的降雨量。

（4）降雨数据也可用于土壤湿度估计模型。

（5）GFFGS能够让预测者因地制宜地加入历史经验，并结合其他数据和信息（如数值天气预报的输出信息），以及本地实时观测数据（如非传统的传感器数据）以评估局地山洪风险。

（6）GFFGS要素能够应用于世界任何地区，如CAFFG目前已成功应用于中美洲地区的7个国家，该系统也在东南亚的柬埔寨、老挝、泰国和越南使用。

5.7 山洪预报子系统实例

如前所述，山洪预报子系统可以划分为检测和预报方法两种。第一种方法是LFWS，主要是基于布设的雨量和水位监测站。第二种方法是FFGS，是基于地面监测站、遥感数据（如卫星和雷达降雨估值），并结合水文模型和大气降雨预报模型。以下通过几个简短的例子介绍部分目前正在应用的山洪预报子系统。对于预测子系统及与它们相关联的“端到端”的预警系统的更详细的描述将在第8章中提供。

5.7.1 简易局地山洪预警系统

1. 迪拉路汗和赫莫萨，菲律宾

位于巴丹省的迪拉路汗市和赫莫萨市的FFGS被用于帮助减轻台风带来的山洪灾害影响。该系统是一种非工程（无堤防和大坝）防洪减灾措施，包括水文监测（河流水位观测）、信息收集、基于河流水位和上升速度的洪水预警，以及应急响应和准备这几个阶段。

该系统是由一组在目标区域内布局安装的测量设备（水位或流量站点）组成的。在恶劣天气下，这些测量仪的观测数据被用作参考指标。每当存在山洪暴发的可能时，居民根据河流控制断面水位标尺对应的水位采取相应的行动。初始水位是任意的，但会根据每次洪灾后河床淤积变化情况作相应的调整。

降雨过程中，社区工作人员或志愿者观察员会读取测量站点的数据，并通过专用无线通信设备或手机进行数据和信息交换。天气预报会由菲律宾大气、地球物理和天文服务管理局（PAGASA）作为初始输入提供，但社区仍然会继续通过本地山洪预警系统进行监控。当被监测河段达到指定河流水位，社区工作人员或志愿者即发出局地洪水预警。

尽管这是一个相当简单的设置，但当地山洪预警系统是社区参与的非工程减轻洪水灾害的一种有效方式。

2. 监测站网络

迪拉路汗市和赫莫萨市的目标区域内共有9个河流水位监测站点，站点的选址及仪器安装是由基层改革和发展管理局（BCDA）与两个城镇的地方政府（LGU）共同完成。为了简化安装程序，工作人直接将将测量仪器安装在桥墩或河堤处，如图

5.6 所示。

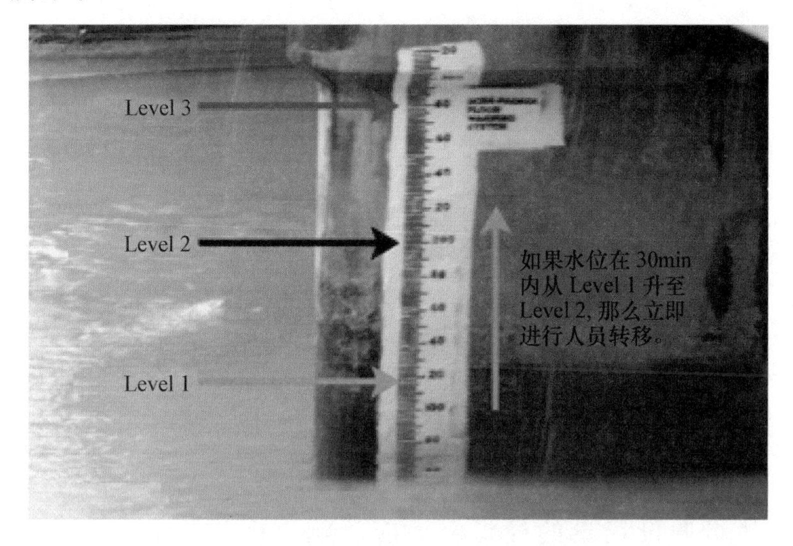

图 5.6　菲律宾简易山洪预警系统的典型监测站点

5.7.2　局地自动实时评估系统

局地自动实时评估（ALERT）系统被美国和其他很多国家应用。在美国，还成立了 ALERT 联盟，借助联盟，相关人员进行思想和技术的交流。ALERT 起源于美国，世界上其他一些应用 ALERT 系统的国家有阿根廷、澳大利亚、中国、印度、印度尼西亚、牙买加、西班牙等。

正如前面提到的，一个 ALERT 系统通常从当地的气象台及地面雨量和水位监测站网获得实时数据，当监测到指定的累计雨量或降雨强度，系统会向其所涉及区域发出预警信息。亚利桑那州的马里科帕县的网站提供了美国多个地方的 ALERT 系统链接（http：//www.fcd.maricopa.gov/Rainfall/links.aspx）。下文将简单介绍其中的两个系统和其他国家的系统。

1. 科罗拉多州柯林斯堡 ALERT 系统

该系统是一个集成了水文水力学模型和应急响应的图形化系统。它是基于本地遥测洪水监测网络，采用 NWS 的 ALERT 信息通信格式。该系统的数据来自 54 个监测站点，布设了 38 个雨量传感器、35 个水位传感器和 5 个多要素气象站。系统基于地面监测站点和雷达监测数据进行水文分析，估算实时流量。系统把基于水文模型生成的径流估计和系统数据库中的地形图结合，采用水力学模型计算洪水淹没区域。所有的输出信息均通过 GIS 以图形格式显示。除了实时模拟分析，系统还能够应用不同来源的多种降雨量数据（包括实时测量站点数据、气象预报降雨数据等），进行假设场景的模拟，为应急响应提供更长的预警时间。该系统基于实时和预报的分析结果，为可能受威胁的社区提供应急措施指导。受威胁区域的居民能够通过各种媒体（紧急自动拨号电话、商业电台广播、有线电视、NWS 气象广播、因特网）得到紧急报警信息。

2. 圣地亚哥郡 ALERT 系统

在圣地亚哥郡，防洪区（FCD）、NWS、圣地亚哥郡应急管理办公室（OES）通过 ALERT 系统共同进行防洪预警工作。防洪区负责 ALERT 系统的维护和操作，累积降雨量、径流量、天气状况（温度、风力、湿度）和湖泊水位的变化将通过无线电向位于山顶的中继站传输，并接力发送到地区洪水预警办公室（DFWO）。DFWO 收到监测信息的同时，通过独立的无线中继传输至圣地亚哥 NWS。随着洪水情况的发展，防洪区通过 ALERT 系统评估山洪暴发的可能性，并为圣地亚哥 NWS 和圣地亚哥郡 OES 提供建议。随后，圣地亚哥 NWS 利用他们的资源完成洪水潜在危险的评估并发布滚动天气预报、紧急天气情况简报、山洪警戒（Flash Flood Watch）或山洪警报（Flash Flood Warning）信息。圣地亚哥郡OES将NWS发布的山洪警戒或警报信息传递到圣地亚哥郡内的相关机构，并协调必要的减灾行动。

3. 波兰ALERT系统

经历了1997年的严重洪涝灾害后，波兰国家和地方政府开始着手建设地方监测网络。这些地方监测网络独立于国家网络，没有统一的建设或数据传输标准。不过位于斯塔罗斯县的正在建设中的本地监测网络是一个例外，该网络与全国网络融为一体，利用自动监测站进行持续的监测，通过GSM电话提供商的基站或私人无线电网络进行数据传输。克沃兹科县（位于波兰西南地区，面积约1500km^2）的ALERT系统是一个由19个流量监测站和20个雨量监测站组成的自动系统，信息汇集平台由电力驱动，同时具有电池等备用电源。系统的数据传输则通过无线电进行。

4. 斯洛伐克ALERT系统的建设模式

斯洛伐克水文气象机构（SHMU）已经开始在高洪水风险的地区建立ALERT系统。系统建设采用了如下的模式：最初的5年，ALERT系统在一个地区以借贷的形式建设（系统的维护和使用由SHMU出资）；5年后，该系统将成为该区的财产，并由当地政府出资进行今后的操作和维护工作。到目前为止[1]，SHMU已经建造了两个中等规模的ALERT系统（几十平方千米），系统由当地社区运行（斯洛伐克水文气象研究所，2006）。

5.7.3 山洪指导预报子系统

如本章前面所提到的，山洪指导（FFG）被定义为指定区域

[1] 指2010年时。

指定历时的面平均降雨量，当降雨达到此数值时会发生溪流洪水。计算山洪指导需要两个定量产品（临界径流深和降雨径流曲线）。一旦区域的 FFG 值确定，就可利用与观测或预测的降雨（累计雨量、降雨强度和降雨位置）相比较来确定洪水的威胁，以及是否应该发出预警信息。

FFG 预报系统的一个例子是 FFMP，它采用了雷达降雨预报和 FFG 进行对比方法。FFMP 计算结果可以通过 FFPI 来进一步修正。目前正在运行或即将运行的其他几个山洪指导系统包括：

1. 中美洲山洪指导系统

中美洲山洪指导（CAFFG）系统是第一个完全自动化的实时区域山洪指导系统。自 2004 年以来，在中美洲的 7 个国家运行。该系统的核心软件由 HRC 历经 10 年的研究设计。该系统由 OFDA 和 USAID 出资，经 HRC 和 NWS 合作建设。该系统是基于本章前文所提到的全球山洪指导系统理念所设计。

CAFFG 系统能够分析研判可能引发山洪的天气事件（如强降雨、在土壤饱和区域的一般性降雨）。该系统能够让预测者因地制宜地加入个人经验，并结合其他数据和信息（如数值天气预报的输出信息），以及本地观测数据（如非传统的传感器数据），以评估局地山洪威胁。山洪的风险预测是以流域面积为 100～300km^2 的小流域单元的 1h 和 6h 的降雨预报开展的。

GAFFG 系统使用地球同步卫星（GOES－12）预判大区域内的小流域的山洪暴发的可能性。该系统首先使用 NOAA 下属的 NESDIS 开发的 Hydro－Estimator 算法预报降雨，再使用地面雨量数据和实时土壤湿度对降雨预报结果进行校正，最终得到的结果可以用来产生 FFG 值和山洪威胁值（Flash Flood Threat）（设计历时条件下超过相应的洪水指导值的降雨量）。

同时，该系统允许本国气象水文机构使用当地的短时预报来发布预警，预报员也可调整预报方法，且该系统还具有与本国气象水文机构现有或正在开发的方法进行耦合的功能。

2. 全球洪水预警系统

日本的基础设施发展研究所（IDI）推出了国际洪水网（IFNet，http：//www.internationalfloodnetwork.org/）。该项目旨在对公众进行洪水灾害教育，协助绘制社区洪水风险图，并利用实时卫星数据将洪水暴发可能性通过全球洪水预警系统（GFAS）通知全球范围内的参与者。

GFAS利用由多个全球观测卫星获得的降雨量数据，并通过IFNet通过以电子邮件和网站的行式向会员发出报警信息。该系统的信息公告服务有望成为一个有价值的洪水警报信息源，适用于大流域（上游降雨到达下游需要几天的时间）、没有配备遥测设备的区域，以及跨国水系（上下游之间很难即时通信）。

GFAS是由日本国土交通省（MLIT）和日本太空发展署（JAXA）共同推动，由IDI主导开发的基于互联网的信息系统。GFAS将美国宇航局（NASA）网站公开的卫星降雨估值转换为可用的洪水预报和警报信息。这些信息包括全球和区域降雨量地图，文本数据和降雨概率估计等。GFAS目前正在试用运行阶段。该系统发布在IFNet的网站上，使国际用户能够使用地面观测数据来对比验证卫星降雨估值。

GFAS的卫星降雨估值是基于热带降雨监测任务（TRMM）、多卫星降雨分析实时计算（TMPA-RT）的产品3B42RT。这套卫星降雨估值产品由NASA下属的戈达德航天中心（GSFC）开发。TRMM是NASA和JAXA的联合项目，该数据对公众开放，但受NASA的数据访问政策约束。

TMPA－RT（3B42RT）产品的特征如下：

网格尺寸：0.25°×0.25°（在赤道处为27.8km×27.8km）。

覆盖范围：全球北纬60°到南纬60°之间。

数据输送的间隔：3h。

由于TMPA－RT（3B42RT）完全是卫星降雨估值，而没有地面降雨估值的输入，该产品与地面监测系统之间存在潜在系统差异。此外，由于该产品集成了多个卫星数据，其中大部分卫星为特定区域提供间隔数据，也导致产品的质量和估计的精度随时间和地点而异。同时，TMPA－RT（3B42RT）提供的面平均估计雨量与雨量站提供的点估计雨量有着不可忽略的统计学差异。

据统计，TMPA－RT（3B42RT）产品的日流域降雨估值与雨量站的监测结果差异达到30%。根据日本利根川流域的台风降雨为例，TMPA－RT（3B42RT）产品的3天平均降雨估值与雨量站结果的差异通常是在10%左右，而在有积雪或积冰等复杂地区的卫星降雨估值的可靠性会显著下降。

如需下载GFAS地图、数据或注册电子邮件获取相关预警信息，可参见http：//gfas.internationalfloodnetwork.org/gfas－web/。

参考文献

[1] BEVEN K. Towards an alternative blueprint for a physically based digitally simulated hydrologic response modelling system [J]. Hydrological Processes，2002：16，189－206.

[2] CARPENTER T M，GEORGAKAKOS K P，SPERFSLANG J A. On the parametric and NEXRAD－radar sensitivities of a distributed hydrologic model suitable for operational use [J]. Journal of Hydrology，2001，254：169－193.

[3] COX G M，ARTHUR A T，SLAYTER D，et al. National Basin

Delineation and Flash Flood Database Creation [C] . Symposium on Precipitation Extremes: Prediction, Impacts, and Resources, Albuquerque, NM, American Meteorological Society, 2001: 221 -224.

[4] DAVIS R S, JENDROWSKI P. The Operational Areal Mean Basin Estimated Rainfall (AMBER) Module [C] . Preprints, 15th Conference on Weather Analysis and Forecasting, Norfolk, VA. , American Meteorological Society, 1996: 332 - 335.

[5] DAVIS R D, JENDROWSKI P. Detecting the time duration of rainfall: A controlling factor of flash flood intensity [C]. Preprints Special Symposium on Hydrology, Phoenix, American Meteorological Society, 1998: 258 - 263.

[6] GAYL I E. A new real - time weather monitoring and flood warning approach [D/OL] . University of Colorado, Boulder, 1999. ftp. diad. com/GaylThesis. pdf/.

[7] Philippine Atmospheric, Geophysical and Astronomical Services Administration (PAGASA) . General guidelines for setting - up a community - basedflood forecasting and warning system (cbffws) unpublished [R]. 2007: 14.

[8] HUFFMAN G J, ADLER R F, BOLVIN D T, et al. The TRMM Multi - satellite Precipitation Analysis: Quasi - Global, Multi - Year, Combined - Sensor Precipitation Estimates at Fine Scale [J]. Journal of Hydrometeorology, 2006: 5 - 25. ftp: // meso. gsfc. nasa. gov /agnes/huffman/ papers/ TMPA _ jhm _ 06. pdf.

[9] OGDEN F L, GARBRECHT J, DEBARRY P A, et al. GIS and distributed watershed models, Ⅱ, Modules, interfaces and models [J]. Journal of Hydrologic Engineering, 2001, 6 (6): 515 - 523.

[10] Slovak Hydro - Meteorological Institute. Forward integration of flood warning in areas prone to flash floods [R] . Country report: Slovak Republic, WMO/GWP Associated Programme on Flood Management (APFM), 2006.

[11] SMITH M B, SEO D J, KOREN V I, et al. The distributed model intercomparison project (DMIP): motivation andexperiment design [J]. Journal of Hydrology, 2004: 1-4, 4-26.

[12] U. S. Department of Commerce, National Oceanic and Atmospheric Administration, National Weather Service, et al. Basic hydrology - an introduction to hydrologic modeling. Lesson 6 in Operations of the NWS Hydrologic Services Program [M]. Washington, D. C.: Government Printing Office, 1997a.

[13] U. S. Department of Commerce, National Oceanic, Atmospheric Administration, et al. Automated Local Flood Warning Systems Handbook, Weather Service Hydrology Handbook No. 2. [M]. Washington, D. C.: Government Printing Office, 1997b.

[14] CHy and CBS in collaboration with Hydrologic Research Center, U. S. National Weather Service, U. S. Agency for International Development/Office of Foreign Disaster Assistance. Prospectus for the Implementation of a Flash Flood Guidance System with Global Coverage [R]. XV World Meteorological Congress, Geneva, Switzerland, WTO, 2007.

第6章

预警信息的传播和传达*

一个多灾种预警系统（MHEWS）历经数据采集、发出预警、居民采取应急行动的过程，期间只有相关个人或团体及时收到预警消息、理解其含义，并采取适当行动，那么预警信息才是有效的，对防汛责任区（AOR）保护才算到位。对于如第5章中提到的中美洲山洪指导（CAFFG）系统一类的端到端预警系统的初始环节（地球数据观测）往往需要预警中心和国际社会成员协作获取全球观测网信息，同样的，预警信息的传播和传达也需要预警中心和其AOR内的国家、地区及个人的合作。因此，除了输入数据采集通信系统，预警信息发布通信系统对于预警系统的成功也至关重要，只有能够及时挽救生命和避免财产损失的信息才能堪称有效。

6.1 本章内容

本章首先对一套在美国已经被证明有效的多层次渐进山洪预警信息发布方案进行了介绍。然后讨论了传达（预警中心向责任

---

* 原文中标题为“Warning Dissemination & Notification”。“Dissemination”可译为“发布、传播”；“Notification”可译为“通知、知会、传达”，经研究并考虑到中国的应用习惯，“Dissemination”译为“传播”，“Notification”译为“传达”。

区域受众传递信息的物理过程）和传达（信息接收人对信息的理解）之间的区别。本章提出，宣传和教育应侧重提高人们的主动防御意识。本章最后阐述了国家气象水文机构研发定制预警信息产品时应该考虑的因素。通过本章，读者可认识到预警产品易于理解的重要性、发布和传达的区别，以及国家气象水文机构发布出能成功地引发受众采取适当行动的预警信息的具体做法。

本章包含以下一些内容：

（1）山洪预警产品——准备、就绪、启动的理念。

（2）传播——传递预警信息的物理过程。

（3）传达——目标受众理解收到的消息含义并采取适当的行动。

（4）研究与开发——开发新的方法和产品。

6.2 山洪预警产品

预警中心一旦检测到山洪暴发或确定极有可能发生山洪，并且对责任范围内的区域造成影响，上述信息必须被及时提供给政府机构、媒体、公众和将被灾害影响的其他人员和团体。信息传播时，如果能够用简洁、易于理解的语言和熟悉的格式表达信息，尤其包含救生指南，接受者将更容易理解。基于多年的经验，许多国家气象水文部门已经采用了多种结构和内容标准化的的预警信息产品。这些产品对于国家气象水文中心的端到端预警系统的成功至关重要。因为如果产品包含的内容没有被接收者很好地理解，接收者将无法采取相应的措施。

6.2.1 渐进式“准备、就绪、启动”理念

许多国家气象水文部门发布的预警信息产品采用了渐进式

"准备、就绪、启动"（Ready，Set，Go）的理念传达灾害的严重程度、灾害预计发生的时间和预报的置信水平。这一理念体现在以下4类预警信息产品中，并适用于几乎所有的灾害：

（1）水文趋势预报（Hydrologic Outlook）——"准备"。表明一个灾害性山洪事件有可能形成。它的目的是为那些需要较长准备时间（以"天"为单位）的公众提供提示性的信息。它通常使用简洁语言叙述的形式发布。

（2）山洪警戒（Flash Flood Watch）——"就绪"。发生山洪事件的预期有所增加，但其发生位置或时间仍不明朗。它的目的是为需要设定减灾计划的公众提供足够的准备时间（以"h"为单位）。

（3）山洪警报（Flash Flood Warning）——"启动"。当山洪灾害发生、即将发生、或有非常高的发生的概率时使用。

（4）山洪状态通报（Flash Flood Statement）——各种程度预警信息状态更新，包括取消、结束、延长或持续山洪警报。

附录D包含遵循"准备、就绪、启动"理念的水文趋势预报、山洪警戒、警报和通报的样例。这些样例的内容和模式在美国被验证是有效的。每个国家气象水文部门应根据其文化特点和其他因素评估制定出最佳的预警产品发布方案。

提示

预警中心应该根据山洪事件发生的确定性的增加，按照趋势预报、警戒、警报的顺序发布预警信息。

6.2.2 预警信息的不确定性

在预警信息产生和发布过程中会有很大的不确定性。其中，降雨预报的不确定性占最大的比重，且卫星降雨预报可能低于或高于实际降雨的500%，特别是在小流域条件下（流域面积小于100km^2）。相比卫星，雷达降雨预报精度更高，但在1～2km分辨率下也可能产生误差。采用雨量站监测降雨较为准确，但不足以捕捉空间差异很大的降雨，尤其是强对流天气情况下的降雨。除了降雨预报、监测的不确定性，土壤湿度估算模型的不确定性也可能导致径流模拟的误差。预警中心总是需要在发布有充分预见期的预警信息和为了预警的可信度而获取更精确的信息之间找到平衡。预见期越长，其预测的精准度越低。预警信息必须具有可信度，使用户相信预报并采取措施来减少损失。此外，延迟预警信息的发布可能会导致灾难性的损失。应急管理人员往往更倾向于超前预警，因为漏报会带来更大的不确定性和生命财产损失风险。

山洪预警产品要点

（1）许多国家气象水文部门发布的预警信息产品采用了三层渐进式“准备、就绪、启动”（Ready，Set，Go）的理念表达灾害的严重程度、灾害预计发生的时间和预报置信水平。

（2）水文趋势预报为受众提供足够的预见期，使用户有足够时间采取保护生命和财产安全的减灾措施。

（3）当山洪事件的预期有所增加，但其是否发生、位置、时间仍不明朗时，预警中心应发布“山洪警戒”。

（4）当山洪灾害发生、即将发生或有非常高的发生概率时发布“山洪警报”。这一产品适用于需要立即采取保护生命财产安全措施的山洪灾害事件。

（5）山洪状态通报提供进一步的补充通知和更新预警状态，内容包括更新的观测信息、警报取消等。

6.3 传播

传播是指国家气象水文部门向受众提供信息的物理过程。传播的概念与传达是相反的，传达是指受众对接收信息的理解和采取适当的行动。几秒、几分钟、几小时内将要发生的灾害事件的警报需要通过正常时期时预设的预警发布系统迅速传播。预警信息产品的设计宗旨是鼓励受众以预警中心期望的方式采取正确行动。人们可以感知部分灾害，但一些灾害如台风，必须使用专业设备才能探知。对于后一种灾害的预警信息发布和传播，预警发布中心和它的运营商必须具有高度的公信力，这让受众认为有必要完全遵循预警信息采取相应行动。举例来说，在美国，预警方案（公共预警报告书，2002）的一些重要特性如下：

（1）预警主要是地方政府的责任。灾害通常在局部地区发生，因此，在美国根据法律法规，当地政府对公民的人身安全负有主要责任。所以，当地政府的主要法律责任和权力是向公民发出预警，并帮助他们做应对灾害准备和从灾害中恢复过来。但是，建立一个统一的、多渠道的、国家标准化的预警系统超出了地方政府的能力，这就变成了国家政府的责任。

（2）大多数预警是由政府组织发起的。一些州和联邦机构通过专门的设施设备和计算机网络生成和发布预警信息。一般情况下，预警信息是由联邦机构与州和地方应急管理人员密切合作发布的。例如：

1）国家气象部门多年来持续关注全国各地的具体情况并发布恶劣天气和洪水的警报。

2）国家气象部门或其他国家政府机构负责发布地震、海啸、火山爆发和山体滑坡的警报。

(3) 大多数自然灾害预警是由政府机构发布的，因为在没有明确的标准下，私人组织发布预警可能招致巨大的责任。因此，许多私人机构是在合同的责任限制范围内发布警报（如天气警报）。媒体气象员可以细化其本地社区的预警信息，但必须始终铭记最佳实践标准。

(4) 预警系统需要国家政府和企业的合作。群众报警设备如各种警报器通常由地方政府或私营企业管理者拥有。预警信息可通过电话、寻呼机、计算机网络和许多其他有线或无线的个人通信设备传播。因此，大多数面向公众预警发布系统由政府输入预警信息，但由私营企业或个人定制或运营。政府没有能力为每一个受威胁的个体提供通讯设备。但企业能够提供这样的设备，或销售已植入符合国家标准的警报通讯功能的同时兼具其他用途的设备。因此，预警信息的传播需要政府和企业之间的合作。

正如 Samarajiva（2005 年）指出，私营部门能够提供预警信息传播需要的互补资源和必要的基础设施，如电信网络。使用已有的资源和设施，不仅能有效降低成本，而且确保系统在没有灾害的期间得到连续性的维护。当所有利益相关者共同承担维护、管理和服务的成本，能够大大降低政府建立一个全国性预警发布系统的成本。

通过联络预警信息的主要受益者（如酒店业和保险行业），可促进建立融洽的伙伴关系。政府可以和这些合作者共同商定建设预警发布系统。政府可以为系统提供权威和公信力，而私营部门和民间组织可快速将预警信息传播给受灾个体。私营部门，特别是媒体可在提高公众防灾意识上起到持续的作用。社区层级内开展培训和教育的任务通常由红十字国际委员会、电视频道和报纸记者承担。

预警系统的权威性和公信力必须来自政府。政府必须承担签发预警信息的最终责任。政府法律中必须有发布警报的责任条例。人群紧急撤离前，必须确保预警信息的正当性和合法性。人们不能浪费宝贵的撤离时间来测试预警消息的正当性。

6.3.1 预警消息时效性

误报空报虽然会浪费钱并影响发布警报组织的可信度，但通常比未经预警就发生的灾害事件造成的损失小。因此，即使是不确定性很高的灾害，预警中心也应该对预警发布做好准备，以防灾害在信息发布之前发生。一旦未经预警的灾害发生，由于人们没有及时采取行动，可能会出现人员伤亡。

政府绝对不能因为担心公众恐慌而不发布预警信息。因为如果政府不提供预警信息，人们会从其他更不可靠的来源寻求信息。

定期重复预警消息能够确时错过消息或还未采取应急行动的公众能够有再一次接受信息并做出应对的机会。重复预警还能够提供给公众更多的机会理解信息和考虑是否信任该信息。然而，研究（Ding，2009）表明，持续的预警信息也可能对公众产生负面影响。如果一个预警信息持续得太久、太频繁，则接收者可能不会增加对信息的重视，反而会开始习惯和忽略该信息。

因此，向公众发出信息时，如果政府希望重复发送预警信息以确保受灾个体都能接收到信息，或为了强调灾害的严重性，则应该在不同的时间间隔发布信息，以确保每一次的预警信息对接收者都能产生有效刺激。同样重要的是，预警信息必须随着灾害情况的变化及时地更新，使人们可以尽快对新形势做出反应。

6.3.2 预警信息发布

每个预警中心需要定期确认所有的国际、国家和当地政府机构及媒体的信息发布对象列表，以确保预警消息能够被及时接收到。应定期核查、测试信息接收人及通信方式。信息发布应尽量避免手动模式，保证最大限度地自动化，提高信息传播效率，减少发出警报所需时间。此外，自动化也减少了人为误差。预警中心应尽可能使用冗余通信路径，以确保信息能够及时发出，接收方能够及时反馈信息。

预警中心应建立通信协议以确保相关信息在相关机构之间及时获取和无缝流转。通信协议确保了预警发布系统的高效性和有效性。机构间的协调、运营和政策问题必须由国家气象水文部门予以解决。这些包括但不限于以下 4 条：

（1）开发一个“关键机构角色和责任制体系”以支持预警中心的运行。

（2）巩固相关机构的承诺，以提高预警中心的数据共享和机构支持能力。

（3）安排充足的人员来开发和维护预警中心的预警系统。

（4）明晰各相关机构的职责范围。相关组织的谅解备忘录（MOU）是一个有效的划定机构角色和责任以避免重复的方法。有效的 MOU 的准备准则概述可以在国家海洋和大气管理局（NOAA）网站（http://www.nws.noaa.gov/cfo/budget_execution_accountability/agreeover.htm）上找到，《美国国家气象局手册》的第 5 章也提供了相关信息。

为了符合国际标准，可利用以下国家级和地方级渠道传播预警信息：

（1）世界气象组织（WMO）的全球电信系统（GTS）。

（2）互联网。

（3）电子邮件。

（4）电子传真。

（5）互联网网站。

以下的跨国运行的多灾种预警通讯系统也可利用：

（1）应急管理气象信息网（EMWIN）。

（2）水文气象气候信息广播和互联网通信（RANET）系统。

（3）基于卫星的全球数据网络传播（GEONETCast）系统。

预警中心发现，限制主要信息传播渠道的数量非常必要。如第3章中所讨论的，WMO的全球电信服务是国际水文气象数据传播系统的支柱。与此同时，传真和电子邮件也被广泛使用。GEONETCast系统、基于全球对地观测系统（GEOSS）的全球多灾种传播系统，有望作为常规预警产品的主要传播方式。

提示

预警中心应将传播渠道限制在可管理的数量范围。

国家气象水文部门也应努力建立信息反馈的方式，以确认自动和手动的警戒、警报、测试消息能够被有山洪灾害防御责任的国家、地区政府机构收到。预警信息传播技术需要利用新的通信技术，包括短消息传递手机短信服务（SMS）、简易信息聚合（RSS）、可扩展标记语言（XML）以及增强型多级优先和抢先服务（EMLPP）等技术。

6.3.3 报警信息接收器

理想的情况下，报警信息的电子接收器应该是日常使用家电的一部分，否则将被大众收纳起来而被遗忘。希望在不久的将来，报警功能能够接入到常用的家用电器（如收音机、手机、固定电话）中。

（1）选择报警信息接收器时，必须考虑到很多人并不能熟练地使用先进科技。

（2）报警信息必须是不同寻常和引人瞩目的。理想情况下，报警信息将提供灾害威胁级别的指示。

（3）接收器应能具备让个体接收者对其进行测试的功能。例如，当接收者主叫“1-800”号码，该接收者的接收器会收到一个报警信息。

6.3.4 预警系统的可靠性

即使是最精心设计的预警系统也需要不断地维护，以确保它的有效性。维护的关键阶段包括培训、评估和开发（本书第4章中讨论了系统维护需求）。系统的核心部分必须被每天使用并由终端用户定期检测。

传播要点

（1）媒体在预警信息的传播中扮演重要的角色。

（2）预警信息发布过程应保证最大限度地自动化以提高信息传播效率，减少发出警报所需时间。

（3）预警信息发布传播技术需要利用新的通信技术。

（4）预警中心应限制主要信息传播渠道的数量。

(5) 定期重复发布预警消息，能够确保错过信息或还未采取应急行动的公众能再一次接收信息并做出应对。

(6) WMO的全球电信服务可支撑国际水文气象数据、警戒和警报等预警产品的传播。

(7) 辅助通信系统如EMWIN、RANET和GEONETCast系统应作为备用传播渠道，甚至在一些发展中国家应作为预警信息的主要传播途径。

(8) 电子传真和电子邮件也被广泛地使用于预警信息传播过程中。

6.4 传达

传达包括由目标受众对接收到的消息的理解和开始采取适当的应对危险的行动。在许多方面，传达比传播更困难，因为后者仅仅是将信息向利益相关者传递的物理过程。

6.4.1 信息传达需考虑的因素

公共预警报告（2002年）指出以下2点：

(1) 预警的目的是促使公众开始行动。预警系统应具备的功能有：灾害检测、灾害预警信息迅速传播、公众采用有效的应急措施建议等。一个有效的预警系统应能够让公众在有限的资源下采取尽最大可能的保护措施。

1) 预警过程参与者包括信息传递人员、处于危险中的人群、媒介、应急管理人员等，预警的目的是处于高风险的人群采取适当的行动减少人员伤亡和财产损失。

2) 衡量一个预警信息是否成功的标准是人们采取了哪些措施。发布的预警信息可能会建议公众立即采取行动，或者仅仅鼓励人们寻求更多的信息。

（2）很多人参与了预警过程。预警信息的接受是一个非常复杂的过程，其中包括一般公众、机构（如企业、国家和当地政府以及非政府组织）决策者以及应急响应人员（如消防员、执法人员、医务人员、公共卫生人员以及紧急事件应对人员）。

提示

预警系统的主要目的是防止灾害变成灾难。

新闻媒体和紧急情况管理部门通常在预警信息发布者和家庭或其他终端用户之间充当中介。这些中介会同大学研究机构、国家实验室和其他独立机构的专家评估预警中心传播的信息。这些中介会判断信息的正确性、内部一致性，与其他来源消息的一致性、完整性、针对性、时效性、相关性和重要性。如果某一预警信息被认为在某一方面有所不足，则中介会对警报进行附加信息补充，或忽略该警报。

此外，位于末端的受众也会根据他们以往对灾害的认识以及预警信息建议的响应行动来评估他们从各种来源收到的信息。最终受众也会根据他们以往对其他灾害的认识和经验来评估当前的灾害预警。预警中心需要牢记“普通大众”不是一个单一的群体，它包括以下7种：

1）社会各阶层的决策者。

2）不同教育背景的公民。

3）不同经济能力和责任的人群。

4）不同种族和信仰的人群。

5）不同第一语言的人群。

6）不同灾害经验的人群。

7）不同体能的公民。

因此，预警中心必须经常测试他们的信息发布系统，找准传播过程中产生的问题，以确保真实灾害发生时，预警信息能够到达最终用户。

6.4.2 预警信息传递体系设计

国家气象水文部门不应该假设存在一个完美的预警信息，即该信息立即被接收并得到广泛的注意，随后得到完美地理解和完全地遵从。在灾害面前，公众的信息接受能力、注意力、理解力和行动力都存在差异。因此，预警系统和策略的设计必须保证发布的预警信息尽可能的有效并被执行。有效的预警系统的设计包括 4 个主要步骤：

（1）定义信息的期望影响力，也是该预警系统的目标。即政府希望最终用户采取什么样的行动?

（2）识别目标人群中有显著区别的部分。即人们对预警消息的接收、关注、理解、选择和实施保护措施上有什么不同?

（3）识别预警消息将被发送的通信渠道。例如通信渠道运用了什么样的技术，需要哪些中间源?

（4）定义大众的直接消息来源（即中介），并采取措施确保中介的专业性和可信度。

1. 预警渠道

预警中心应该鉴别不同目标人群的信息传播渠道。其中，识别信息接收人的日常监测信息的接收渠道以及紧急情况下的接收渠道尤其重要。一个预警中心应利用多种方式和多种渠道来传播信息。这些渠道包括印刷体、电子媒体、互联网，甚至包括面对面的通知。预警中心应鼓励人们收听当地有可靠消息来源的广播新闻。

2. 预警信息的内容

国家气象水文机构应尽可能提供灾害的具体性质、预期影响的区域和发生的预期时间。因为企业、政府和非政府组织的决策者在决定采取耗费大量资源的保护措施前，需要尽可能多的信息来权衡不同措施（包括不采取任何措施）的后果。

预警中心应向公众推荐一个或多个特定的保护措施以保护公众的生命财产安全。对灾害的准确描述能够激发公众采取保护措施的积极性。对于一个特定的灾害，在一段时间内预警消息应使用一致的术语，并尽可能使用与其他灾害相容的术语。预警中心应及时向公众发布灾害威胁结束的消息，以便他们能够尽快恢复正常活动。国家气象水文机构应建立标准格式的文本消息和语音消息，并将其存档以便在未来的灾害事件中使用。

提示

预警中心应为紧急情况下使用的文本类和语音类的预警信息创建标准格式。

3. 预警信息发布源

预警中心必须意识到没有一个信息发布源在受众面前是完全可信的。国家、州和地方政府机构、新闻媒体、企业和非政府组织的可信度都有所不同。预警中心应该提前分清哪些组织或个人在灾害面前负责与受威胁的群众沟通，哪些组织和个人负责与不受威胁的群众沟通。多个官方消息来源的信息可以合并，以确保所有的信息一致性、准确性、完整性、针对性、及时性、明确性。

预警中心需要认识到信息发布源的可信度最初建立在发布机构的职责和专业程度上。在运行过程中，随着客观（透明）的程序建立，信息发布源的可信度得到加强。信息发布源的可信度并不会因为其在某一次灾害事件中的即兴发挥，或得到外界专家（同行评审）认可，或建立满意的绩效记录而加强。终端用户对信息发布源的信心是基于其过去的业绩和经验。信息发布源应致力于建立信誉并逐步专业化。国家气象水文机构必须让终端受众意识到预报和预警存在不确定因素，而这些不确定因素必须纳入用户的决策过程。国家和地方气象水文机构应培养可靠的、有权威的机构作为预警信息传递渠道的中介或代言人。

提示

预警中心应利用公众周知并信任的媒体人士传播预警信息。

4. 预警信息受众的背景

负责预警的机构通常只想到将预警信息传播给大众，但重要的是，预警中心应该意识到目标受众是一个非常复杂的群体。预警中心需要认识到“大众”不是单一的群体。受众中包含家庭、企业、政府机构和非政府组织，他们的规模、人口组成、经济资源有着巨大的差异。

第 7 章将为预警中心提供一些辨别目标受众特征的方法。预警中心需要辨别出公众对不同消息来源的可信度、消息获取的不同渠道、对同一预警的不同反应和采取保护措施时的积极和消极因素。

传达的要点

（1）一个有效的预警系统应能够让公众在有限的资源下尽最大可能的采取保护措施。

（2）新闻媒体和应急管理部门通常在预警信息发布者和目标受众（包括普通群众、部门决策人员和应急管理人员）之间充当信息传递的中介。

6.5 研究和开发

一个国家气象水文机构如果没有严格的研究和开发计划，也可以正常运作。因为预警中心可以依靠其他研究中心、学术和政府研究机构开发和改进的技术进行发展。然而，为了更好地解决所在区域的灾害预警问题，预警中心应该进行独立的研究以改进预警信息的传播、传达和应用。气象学家、水文学家、计算机程序员和网络通信专家的组合是最佳的，因为它能为预警中心应用研究和项目开发提供以下3类需要的技术：

（1）自然科学类：开展气象学和水文学研究，例如开发能更好模拟计算降雨强度和雨量的模型等。目前山洪预报预警的在小尺度的时间、空间（小于300km^2）层级上准确性欠佳。雷达是很好的工具，但雷达数据精度在小尺度上也严重受限。

提示

预警中心独立进行的研究和开发有助于解决本地的实际问题。

（2）程序类：开发地球观测数据的快速处理和收集的计算机程序，开发预警信息产品快速发布的新技术，开发能够协助预报员保持态势感知的程序软件。

（3）社会科学类：制订教育培训计划，改进预警信息产品以使受众产生期望的行动。

除了聘用多学科的工作人员，预警中心应该积极建立与学术机构和其他专业研究中心的紧密联系。这些联系能够促进预警中心的发展，帮助预警中心始终处于科技的最前沿。与其他单位的协作关系可以通过在附近或共同所在地的机构，互为校友的工作人员，或在会议和研讨会上的沟通建立。

4个基本标准产品（趋势预报、警戒、警报和通报）可能无法满足预警中心的所有需求。例如，预警中心可能需要定制一个特殊化的产品，以满足一个或多个客户的需求。类似的，预警中心可能考虑提供新的服务或更改现有服务。在这些情况下，预警中心应建立并遵循一个经过深思熟虑先验过程，并与客户群充分沟通讨论，这种做法将有助于避免更改后产生的相关缺陷。

一个新的或将要更改的产品或服务由一个初始概念发展成一个提案。在提案成熟后、开发实施前，预警中心应该确保新建或改进的产品或服务对所有利益相关者都是公平和公正的，遵循最大限度的公平和开放原则。图6.1描述了开发和实施新建或改进的产品及服务的过程。

预警中心在开发新产品、新服务或更新现有产品或服务前，应考虑以下6条指导原则：

（1）符合宗旨任务——产品或服务必须与中心的宗旨和任务相符合。

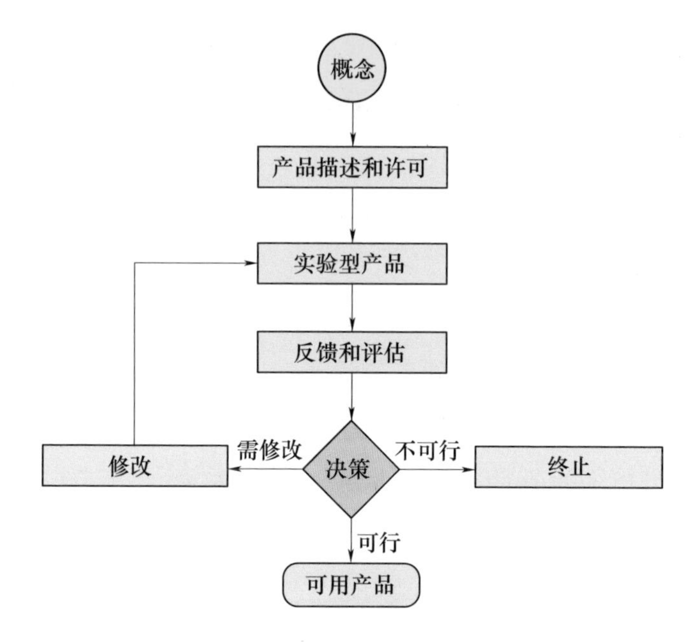

图 6.1 实施实验性产品的步骤

（2）生命和财产优先——在资源分配和产品、服务开发使用阶段，生命和财产的安全必须放在首位。

（3）避免意外——在制定产品开发和服务决策时，都必须为所有用户提供足够的资源和参与机会。

（4）利益相关者拥有数据——公开和不受限制地传播公共信息是最好的政策。为确保预警信息挽救生命，WMO 规定各国应共享水文气象资料。

（5）平等——与各方面的所有交易必须公平，而不是特别偏袒那些在学术和商业领域的合作伙伴，不应只把服务提供给部分用户。例如，向某一个种植者群体提供农业预报，则其他所有类似的种植者群体都应该能够享受到该预报服务。

（6）保持常规产品——当中心向某用户提供定制的服务，应确保用户充分了解所中心提供的常规产品。

研究和开发要点

（1）国家气象水文机构的预警中心研发项目通常有3类：自然科学类、程序类、社会科学类。

（2）预警中心的研发项目能为中心营造发展进步的氛围。

（3）与其他机构的合作能够保证预警中心走在科学技术的前沿。

（4）一个新的预警产品投入实际应用前要经过严格的测试。

参考文献

[1] SAMARAJIVA R. National Early Warning System: Sri Lanka (NEWS: SL). A Participatory Concept Paper for the Design of an Effective All - Hazard Public Warning System (Version 2.1) [J/OL]. LIRNEasia, Sri Lanka, 2005. http://www.lirneasia.net/2005/03/national-early-warning-system.

[2] Partnership for Public Warning. Developing A Unified All - Hazard Public Warning System, Report by The Workshop on Effective Hazard Warnings, Emmitsburg, Maryland November 25, 2002 [R/OL]. McLean, VA, 2002. http://www.ppw.us/ppw/docarchive.html.

[3] Partnership for Public Warning. A National Strategy for Integrated Public Warning Policy and Capability [R/OL]. McLean, VA, 2003. http://www.partnershipforpublicwarning.org/ppw/docs/nationalstrategy.pdf.

[4] WOGALTER M, DEJOY D M, LAUGHERY K R. Warnings and risk communication [M]. Taylor & Francis, 1999: 365.

[5] DING A W. Social computing in homeland security: disaster promulgation and response [M/OL] //Information Science Reference, 2009: 320. http://www.igi-global.com/reference/details.asp?ID=33139.

第7章

基于社区的灾害管理

为了有效地开发、实施和维护端到端预警系统，有必要建立与社区之间的密切联系。多灾种预警中心发出的预警信息传达至受威胁人员，并被相关人员理解、接受做出正确的行动，才算是有效的预警。为了确保信息预警的有效性，预警中心的工作人员必须负责在发出预警之前，与国际组织、政府机构、社区领导和组织、企业和当地公民之间建立可信赖的伙伴关系。

> “以防为主的策略不仅可以节省数百亿美元，还可以挽救数万人的生命。通过防灾，可以节省用于救灾和减灾的费用，省下来的资金用以促进社会公平和可持续发展，降低战争和灾难的风险。但建立防灾文化并不容易，很多人不想投入防灾经费，认为防灾的收益遥不可及，因为眼前并没有发生灾难。”
>
> ——Kofi Annan，《面对人道挑战：走向防灾文化》

7.1 本章内容

本章面向国家水文气象机构的工作人员，包括业务和政策制定人员，提供关于发展社区宣传教育的指导，提出了一种增加社区人员对山洪和其他风险认知的交流模式。本章适用于想要深入了解建立社区伙伴关系，以及提供更有效的教育和推广的人员阅读。

本章中的概念建立在现有风险交流知识和研究的基础上，介绍了在美国和其他地区的灾害领域成功沟通和推广的模式。由于每个社区都有其各自特点，本章所提供的沟通和推广模式可能并不一定适用于所有情况。

本章包含以下内容：

（1）沟通模式——介绍了一个简易的面向社区的沟通模式，它是本章灾害风险宣传和教育的基础。

（2）社区备灾计划——概述了美国台风应对计划（StormReady）和亚洲防灾中心（ADPC）安全社区计划，并讨论确定合作伙伴和用户的方法。

（3）韧性社区构建计划——经过验证可靠的韧性减灾社区构建计划和灾情评估工具。

（4）发展伙伴关系并建立公众联系——阐述建立与媒体和社区伙伴关系的重要性，并概述建立这些伙伴关系的步骤。

7.2 说服性的连续沟通模型

为了进行有效的宣传和教育，必须充分理解个体决策和行为改变的过程。在此之后，预警专家才能设计和实施更好的预警流程和信息表达形式。图7.1表示了致使行为改变的说服性连续沟通的各阶段。成功的预警取决于公众和个人对风险的意识、理解和接受程度。

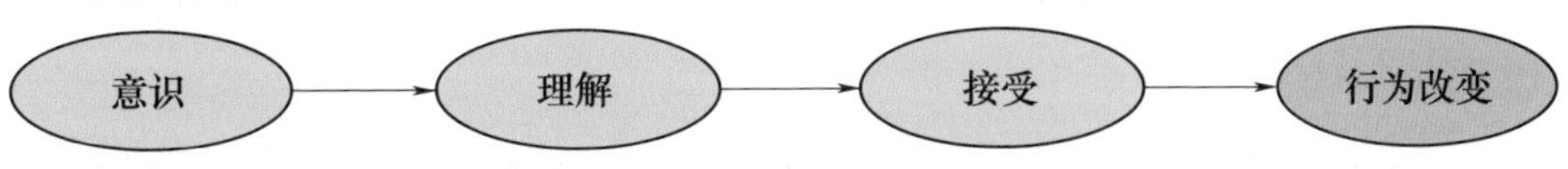

图7.1 说服性沟通的各阶段

例如，为鼓励居民积极参与避灾演练，居民首先意识到所在地的灾害风险。了解灾害事件对家庭和社区造成的影响，还必须树立不遵守预警信息会导致伤亡的认识。最后，他们必须采取行动，并时刻关注人员转移的预警信息。为了让居民做出行为的改变，则宣传、培训必须从人员意识、理解的角度出发，最终使人接受信息，做出行为上的改变。

7.3 社区备灾计划

社区备灾计划是提升社区防灾减灾能力，有效应对灾害事件的计划方案。通过制订社区备灾计划，确保社区人群在收到预警信息或者发现危害时知道该做什么以及该去哪里。美国开发了一个台风应对计划 StormReady（http://www.stormready.noaa.gov)，其中的一项内容就是制订社区备灾计划。社区通过制订计划，加强沟通，提高群众对灾害风险的认识，提高社区对洪水和其他灾害事件的抵御能力，可减少经济损失，缩短灾后恢复期。

面向公众开展宣传和教育，使之了解灾害的常识，对减少人身和财产的风险至关重要。社区备灾计划的关键组成部分包括：

（1）提高公众意识，促使其在防灾减灾方面做出的行为改变。

（2）部署稳定、可靠和有效的预警系统。

（3）建立有效的信息传递方式，促进社区对预警信息做出积极响应。

ADPC 开展的“更安全的社区”系列案例研究表明，政府或非政府机构采取的防灾减灾措施，将有效减少易受灾害群体的脆弱性和风险。该系列研究旨在为决策者、发展规划制定者、灾害管理人员、社区领导人和培训师提供一系列经过实例验证有效的理论、工具、政策选择和策略，这些理论、工具、政策选择和策略来自于亚太地区的防灾减灾实践和经验教训的分析。

提示

备灾是制定适当的计划以对预警信息作出适当的反应。

《更安全的社区》研究报告提供了柬埔寨两个省份开展社区宣传教育的案例。这两个案例成本低、复制推广性强，采用的方式方法完整，有效地提高了社区的山洪灾害防御意识。在风险意识宣传教育活动中，当地的利益相关方审视了现有的洪水信息资料，并根据当地情况进行了调整，向公众广泛传播，实施了一场精心策划、效果良好的山洪灾害防御常识的宣教活动，社区内相对的弱势群体妇女和儿童也在宣教范围之内。案例还表明，社区舞台剧和民歌作为一种洪水风险信息的传播方式，非常受欢迎。具体经验包括以下 7 条：

（1）当地方利益相关者积极性调动起来后，最初不明显的当地资源和能力就会显现出来。

（2）需要根据当地现有的社会文化习俗来设计和传播公益宣传活动，才能达到更佳的宣传效果。

（3）宣传材料制作不必白手起家，把现有的其他组织开发的宣传材料和工具根据本地情况调整后就可应用，从而缩短设计周期。

（4）采用一些创意和创新方式对公众进行宣传教育会起到好的作用，来自艺术、文化、媒体和妇女事务有关的组织和团体能提供相关解决方案。

（5）采用“非传统”传播媒介，将有效提高社区防灾减灾意识。

（6）当地方利益相关方重复开展宣传活动时，公共宣传活动的影响力会产生倍增效应。

（7）宣传教育活动如果从脆弱群体（妇女、老人、儿童等）的视角出发，那么宣传教育活动更具有针对性且更加有效。

ADPC另一个项目“更安全的城市”研究了人、社区、城市、政府和企业如何在灾害发生前使城市变得更安全。该项目报告总结了亚太地区的现实经验、良好做法和经验教训，分析提炼了城市减灾的战略和方法，并强调关键原则是广泛的参与、伙伴关系、可持续发展以及效仿成功故事。

菲律宾达谷盘市（Dagupan）的安全城市案例研究（ADPC，2007年）阐述了建立一个可操作性强的预警系统和人员撤离预案、推动建设安全和有活力的社区的重要性。该方法要求建立可行的防灾和减灾措施，开展基于社区的灾害风险管理（CBDRM）。主要经验如下：

（1）如果个人和群体了解山洪预警系统的重要作用，预警系统将会更加有效。

（2）如果社区群体参加了山洪预警系统的建设，则发布预警后，社区的响应会更迅速。

（3）培训和演练可以有效测试预案，显示地方响应体系的不足之处。

（4）观摩和演练有助于参演各部门分享防灾减灾知识和技能，锻炼防灾减灾能力，并效仿这类活动，在观摩的过程中发现自身和他人不足。

7.4 识别合作伙伴和客户

许多预警系统（数据通信、数据处理、预警产品、传播等）需要预警中心、合作伙伴、客户群共同配合。但不同预警中心的合作伙伴和客户之间可能有很大差异，难以精确地识别这些群体。可利用一些通用的指导原则识别合作伙伴和客户，如下所述。

本节中的大部分讨论都建立在《降低美国海啸风险：国家科学和技术委员会的行动框架》的基础上。本章结尾的参考文献中提供了该出版物的链接。

在端到端的预警信息传播链中起一定作用的政府和非政府组织被定义为合作伙伴，包括：

（1）国内和国际数据提供商。

（2）作为产品传播沟通渠道的政府和私人团体（包括大众媒体）。

（3）开展培训和教育业务的政府和私营部门团体。

客户是依靠预警中心及其合作伙伴提供的预警信息，具有保护其生命和财产职责的团体和个人。客户包括：

（1）广大市民。

（2）红十字会等非政府组织和必须对预警事件作出反应的其他私营部门组织。

（3）必须对预警事件做出反应的政府机构。

制定预警中心的推广和教育计划时，必须认识到合作伙伴和客户这两个群体的差异和个性化需求。预警中心甚至可能采用不同的技术来识别和应对这两类主要群体。

提示

一个预警中心需要一个公共事务官员，在重大事件中与媒体进行有效的沟通协调。

预警中心应重点对客户和合作伙伴开展培训，使之了解山洪灾害和防范措施，通过公共活动、媒体研讨会和公立学校推广国家水文气象机构的山洪灾害防御宣传教育计划。在实际发生的山洪事件中，应指定一个公共事务官员协调对媒体的回应。在年度演练中，公共事务官员负责通知媒体。

公共事务管员还应提供媒体培训和指导、响应媒体要求、组织新闻发布会、协调新闻简报和参观预警中心、制定电子媒体资料，协助向政府官员介绍情况，并策划推广活动。

社区备灾计划要点

(1) 面向公众开展宣传教育极其重要，应努力使公众了解山洪灾害的特点、山洪灾害的危害以及可采取的防灾措施。

(2) 在实际山洪事件应对期间，预警中心应指定公共事务人员协调对媒体的回应。

(3) 与媒体、公众、政府官员合作和协调，对于预警系统发挥预期作用至关重要。

7.5 韧性减灾社区构建计划

韧性减灾社区构建计划首先包括风险和脆弱性评估——为减少或消除人类生命和财产的风险而采取的持续行动。这包括规划和分区管理，特别是在面临各种自然灾害危险的地区，包括抵抗恶劣天气的建筑、关键基础设施保护措施等。美国沿海韧性社区（CCR）构建计划（http：//community. csc. noaa. gov/ccr/）即属于这类计划。

7.5.1 韧性社区的要素

正如“沿海韧性社区构建计划”（http：//www. meted. edu. edu/hazwarnsys/haz _ tguide. php）所指出的，韧性社区构建的目标是培养社区主动和韧性减灾的能力。一个韧性的社区尽可能减少社会不稳定因素，减少可能发生的自然灾害事件的不良后果。国家、省、地方应急管理机构和当地社区积极合作，为全社会树立灾害意识、实施减灾行动共同努力。为了实现这些目标，需要满足以下要求：

（1）制定社区减灾能力建设的参考标准，形成“韧性”社区。

（2）鼓励社区和国家应急管理机构所倡导的响应模式保持一致。

（3）公众对防灾减灾“韧性社区”认可、拥护。

（4）提高公众对气象灾害和其他灾害的认识和了解。

（5）完善社区防灾减灾预案。

7.5.2 韧性社区构建过程

构建一个韧性防灾社区需要以下过程：

（1）沟通与协调——有效的沟通是灾害管理的关键。对于海啸和山洪灾害更为重要，因为洪水到达时间可能只需几分钟时间。这种“瞬时”事件需要及时、有效和适当的响应。

（2）预警接收——每个预警接收点和社区应急指挥中心（EOC）能够通过多种渠道接收预警信息，并作出快速响应。

（3）预警传播——当收到预警信息或其他表明灾害即将发生的可靠信息时，当地应急管理官员应向尽可能多的人员传播预警信息。

（4）宣传教育——宣传教育对于社区正确应对灾害至关重要。受过宣传教育的人更有可能理解预警信息的含义并采取防御措施，认识到潜在的威胁，并对这些事件作出适当的反应。

（5）管理——如果没有正式的应对方案、开展主动的管理，应急管理不可能成功。

7.5.3 韧性社区的意义

韧性社区的意义有以下7条：

（1）拯救生命。

（2）加强应急管理人员和研究人员的联系。

（3）有效与公众沟通。

（4）明确韧性社区构建所需的资源。

（5）获取国家和省区的资金支持。

（6）增强核心基础设施，为社区人群所关切事项提供支撑。

（7）向公众表明，他们的纳税钱投入到了公共防灾事业中。

7.5.4 评估的工具

美国国家海洋和大气管理局（NOAA）提供了一个在社区级进行多灾种风险和脆弱性评估的工具（RVAT，网址为：http：//www.csc.noaa.gov/rvat），RVAT是一个教程，指导用户在“社区层面”分析自然、社会、环境和经济等有关的多种灾害脆弱性因素。RVAT 遵循以下 6 个步骤：

（1）灾害分析。

（2）设施分析。

（3）社会分析。

（4）经济分析。

（5）环境分析。

（6）灾害缓解分析。

Odeh（2002 年）的文章介绍了罗得岛与普罗维登斯庄园州（以下简称罗得岛州）范围内灾害脆弱性评估的简化模型。利用公共数据源和现有的社区脆弱性评估工具，开发了一种实用的打分办法，量化罗得岛州不同地区多种灾害和风险呈现出的脆弱性。灾害包括台风、地震、暴风雪、洪水、冰雹和极端温度。风险因素包括经济、社会、环境和基础设施。对不同组合进行分析，以确定关键的风险组合和脆弱性的地理分布。防灾减灾规划人员利用研究结果确定减灾计划的优先顺序，并提高公众对该州脆弱性的认识。罗得岛州脆弱性评估的经验也同样适用于其他地区。

Shrestha 等（2008 年）在兴都库什-喜马拉雅地区属于易受山洪暴发影响的社区（特别是受冰湖溃决和堰塞湖溃决威胁的社区）工作，发现宣传教育活动需要持续开展，而且社区群众应当参与制定山洪灾害防御预案，原因如下：

（1）当地社区群众最了解他们的村庄和当地的情况，没有外地人能像他们那样了解当地的条件。因此需要社区群众参与识别和解决灾害脆弱性问题。

（2）社区群众有减灾活动的动机和能力，这是当地资源可被利用的原因。

（3）社区群众非常关心对他们的生存和福祉有影响的地方管理事务，所以应该采取当地理解的方式和语言来生成预警信息。

（4）中央一级的管理和应急响应方案往往无法适应和满足弱势社区的需求，有的方案与当地资源和能力条件不相适应，甚至有可能起反作用。

Shrestha（2008年）在他的报告附录中附有灾害识别、脆弱性和风险评估的技术，并提供了降雨重现期、河流流量和降雨关系曲线等查阅表格。

有关社区脆弱性评估案例可通过登录 http：//www. epa. gov/cre/developer. html 查询。

韧性减灾社区构建计划要点

（1）国家、省级和地方应急管理机构和当地社区积极合作，共同推进韧性减灾社区构建计划。

（2）韧性减灾社区是指一个能够减轻突发灾害和日常风险的社区。

（3）NOAA 的 RVAT 是在社区级开展多种灾害风险和脆弱性评估的一种方法。

7.6 发展伙伴关系并密切联系公众

国家水文和气象机构的工作人员或外部承包商往往负责创建和发展社区伙伴关系，并制作宣传和教育材料。本节强调了基于当地社区特点的宣传教育的重要性。正是由于这种重要性，国家水文和气象机构的工作人员应尽一切努力，尽可能积极参与建立伙伴关系，因地制宜开展教育和宣传工作。

7.6.1 发展与媒体的伙伴关系

与社区的有效合作始于宣传。与公众建立可信任的关系，可以认为是一系列连续沟通的过程，最终实现公众作出适当的反应的沟通效果。社区组织还可以自发或主动地向社区居民、外来人群和企业提供风险警示信息和宣传材料。社区合作伙伴还可以帮助社区居民采用他们习惯的方式解释收到的预警信息。

提示

如果专家在紧急情况下不发声，杂声就会铺天盖地。

媒体是预警系统的重要合作伙伴（图 7.2）。媒体从业人员是沟通方面的专家，可以帮助国家水文气象部门的工作人员开展有效的宣传。媒体也可以作为专家和社区之间的纽带。没有媒体，不可能实现预警信息的迅速传播。媒体还可以转发、解释和补充

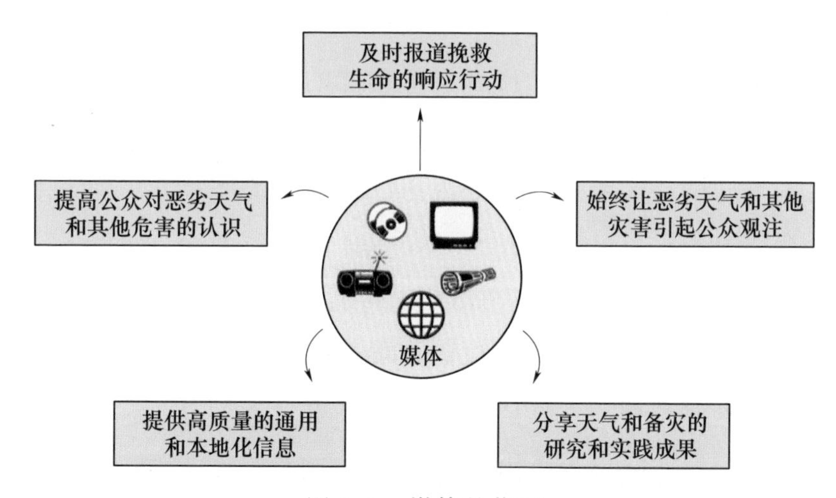

图 7.2 媒体的作用

预警中心的预警信息。另外，一些媒体还可以为个别社区发布定制的预警信息。

以下是与媒体建立合作关系的建议：

（1）在灾害发生前会见媒体合作伙伴，交换联络信息，邀请他们访问办公室并与员工见面，建立工作联系。

（2）向媒体合作伙伴介绍灾害的常识。通过讲习班、宣传册、传单和讲义，向他们提供科学信息和详细的预报预警过程信息，包括预期的反应和结果。

（3）与新闻主管和编辑进行良好的沟通（这些人员决定是否和何时发布信息）。

（4）在灾害防御实战演练中，邀请媒体合作伙伴到场。

（5）预设场景。提供背景视频并与科学家的采访进行合成以备后用。事先确定专家名单，以便在紧急情况下能够推出接受媒体采访。

7.6.2 建立广泛的社区伙伴关系

除与媒体合作外，与社区建立伙伴关系也至关重要。把社区的防灾减灾能力成为社区自身日常功能的一部分，那么社区才真正具备防灾能力。上文所述的“沿海韧性社区构建计划”提供了一些关于韧性社区要素构成的观点。该计划方案指出，韧性的社区具有7个要素：

（1）社区治理情况——社区的领导、制度和机构健全，为社区实施有效的防灾减灾管理提供管理基础。

（2）资源管理——社区对各类资源进行主动管理，以维持生存和生态环境，降低灾害的风险。

（3）土地利用管理和结构设计——社区实现有效的土地利用

和结构设计，助力社区实现环境友好、经济发展和社区安全等目标。

（4）风险知识——社区对偶发性和日常危害的认识及减少风险的措施有充分认识。

（5）报警和转移——社区能够接收灾害预警信息，向高危人群报警，并根据信息采取行动。

（6）应急响应——在社区层级建立应急管理机构和应急系统，以便迅速响应灾害，并解决社区一级的紧急需求。

（7）灾难恢复——社区防灾预案、人员和机构落实到位，并能够减少灾害对环境、社会和经济的负面影响。

提示

信任与伙伴关系

建立伙伴关系需要信任。重要的是，搭建平台与社区人员交流，使社区确信建立合作关系对他们也是有利的。

发展多元化的社区伙伴关系的一个重要步骤是参与正在进行的社区规划活动。任何涉及社区管理的委员会或工作小组都可能是一个有益的合作伙伴。

7.6.3 一种简易的公众沟通模式

建立与社区伙伴的联系是与公众联系的重要的第一步，因为它为分发预警信息创造了新的渠道。一旦这些渠道建立起来，如何才能有效地发布和传递预警信息？以下介绍了一种简易的沟通模式，它有助于快速、有效地向公众传播预警信息。

该模式具有以下5个组成部分（图7.3）：

(1) 信息来源可靠。

(2) 信息内容简明扼要。

(3) 信息传递渠道可信。

(4) 受众(预警对象)范围明确。

(5) 信息反馈渠道畅通。

在制定预警系统教育和宣传方案时,最好先确定受众(游客、当地企业、学龄儿童等)。对于山洪预警系统,假定信息的主要来源是国家水文气象机构的预警中心。下面从受众(预警对象)开始详细定义各部分,并回溯到源头。

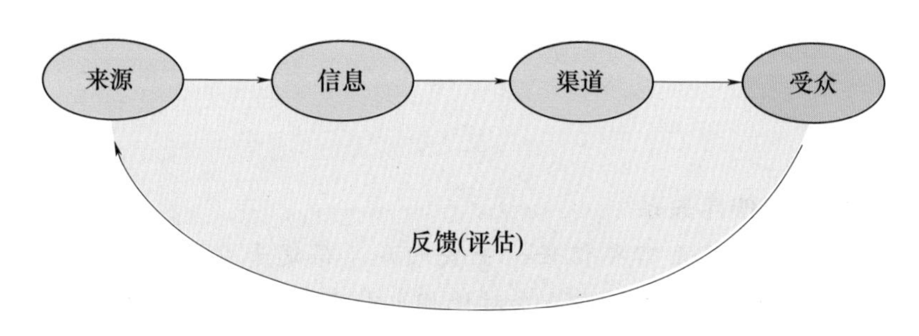

图7.3 沟通模式

1. 受众

当发生山洪并发出转移指令时,处在山洪危险区的所有人都必须响应该指令。预警的对象可能不是一个单一群体,可能包括:①来自多个国家的多种语言的游客;②了解该地区的环境、交通情况的居民;③因为不舍财富而没有听从转移指令的居民等。每种群体都需要以不同的方式发送信息,以便在发出预警时能够做出明智的转移行动。此外,受众可通过自身语言、风险知识掌握程度、工作时间或体能情况等因素的分成不同的群体,但务必尽力将预警信息分发给社区的所有人员。

关注弱势群体

弱势群体遭受灾害事件的风险更大，并不是因为他们在地理上接近灾害，而是因为他们的社会经济能力或身体条件导致更为易损。弱势群体一般包括：生活在贫困线附近或以下的人们，老年人、残疾人、妇女、儿童、少数民族和租房者等。弱势群体可能在一个事件中死亡，如果他们生存下来，经济上恢复也很困难。在建设预警系统和开展宣传教育时，尤其要关注弱势群体。

2. 渠道

渠道是将信息分发给受众的方法。渠道可能包括每天与社区成员一起工作的媒体（电视、广播、广告牌、互联网和手机等）、社会服务提供商、学校、教堂和其他社区组织。一个适宜和可信的渠道有助于确保目标受众收到信息。

提示

合理确定信息发布策略，尽可能与那些已经向公众开展了灾害教育的组织合作。

利用社区现有的渠道将达到较好的效果。例如，每天与某个特定群体联系的人通常会建立良好的渠道，因为他们已经拥有沟通方法（手册、通讯录、网站），并与群体建立了信任关系，例如，为老年人提供服务的社会服务组织可向老年人提供与山洪有关的信息，起到较好的信息分发效果。

3. 信息

预警信息应针对特定的受众，并对选定的受众群体以清晰易懂的方式传播。建立多元化的社区合作伙伴关系，可以帮助预警中心传达给目标受众清晰易懂的信息。

一个社区通常由说不同语言和方言的人组成。在旅游区，具有不同语言的人群组成可能更加普遍。因此，在设计山洪预警信息时，国家水文气象机构工作人员应该考虑社区目标受众所使用的语言。

4. 来源

国家水文气象机构是宣传教育信息的主要来源之一，地方和省级政府应急管理部门也可作为山洪预警宣传和教育的来源。

发展伙伴关系的要点

（1）建立社区伙伴关系始于有效的社区宣传。

（2）预警系统的一个重要合作伙伴是媒体，如果没有媒体，就不可能迅速传播预警信息。

（3）如果专家在紧急情况下不发声，杂声就会铺天盖地。

（4）使社区的防灾减灾能力成为社区自身日常功能的一部分，社区才真正具备防灾能力。

（5）发展多元化的社区伙伴关系的一个重要步骤是参与正在进行的社区规划活动。

（6）利用社区现有的渠道传播预警信息和开展宣传教育，将达到较好的效果。

（7）建立多元化的社区合作伙伴关系，有助于预警中心传递给目标受众清晰易懂的信息。

（8）预警中心应与当地政府部门和社区合作伙伴合作，确定社区中的受众类型。

参考文献

[1] ADPC. Safer cities 20：community based early warning system and evacuation：planning，development and testing：protecting peoples’ lives and properties

from flood risks in Dagupan City, Philippines [R] . ADPC: 2007.

[2] National Science and Technology Council. Tsunami risk reduction for the united states: a framework for action. a joint report of the subcommittee on disaster reduction and the united states group on earth observations [R/OL] . 2005, http: //www. sdr. gov.

[3] ODEH D J. Natural Hazards Vulnerability Assessment for Statewide Mitigation Planning in Rhode Island [J] . Natural Hazards Review, 2002: 177 - 187.

[4] RYDELL N. Building media partnerships for education, mitigation and response [R] . Warning Coordination Meteorologist, National Weather Service, 2006.

[5] Safer Communities. Case study 3: reaching out to the public, raising community awareness to flood risk reduction in cambodia [R/OL]. 2007. http: //www. adpc. net/v2007/ Programs/DMS/ Publications/FEMS/FEMS - resources. asp.

[6] SHRESTHA A B, SHAH, KARIM R. Resource Manual on Flash Flood Risk Management Module 1: Community - based Management. International Centre for Integrated Mountain Development, Kathmandu, 2008 [R/OL] . http: //books. icimod. org.

[7] SHRESTHA A B. Resource Manual on Flash Flood Risk Management Module 2: Non - structural Measures. International Centre for Integrated Mountain Development, Kathmandu, 2008 [R/OL] . http: // books. icimod. org.

[8] U. S. Indian Ocean Tsunami Warning System Program. How Resilient is Your Coastal Community? A Guide for Evaluating Coastal Community Resilience to Tsunamis and Other Coastal Hazards, supported by the United States Agency for International Development and partners, Bangkok, Thailand [R] . 2007: 144.

[9] U. S. Indian Ocean Tsunami Warning System Program (USIOTS). Tsunami Warning Center Reference Guide supported by the United States Agency for International Development and partners, Bangkok, Thailand [R] . 2007: 311.

第 8 章

端到端的山洪预警系统示例

前面的章节提供了有关构成山洪预警系统（EWS）的各子系统的信息。如图 1.3 所示，山洪预警系统通常包含环境数据采集的监测网络，并以此为基础开展预警业务。对于山洪灾害，采集的环境数据包括雨量、雨强，有时还包括河流流量（水位）信息。降雨信息可能来自地面雨量站、雷达、卫星，或这三种采集技术的组合。山洪预警系统还需要计算机网络等基础设施，用于收集、分析采集的环境数据，产生预警并向第三方发布。社区等单位收到山洪预警后，如果已制定了相关防御预案，按照预案和预警信息做好防灾准备。至此，端到端的预警系统才能证明是成功的，因为它有效地减少了生命和财产损失。

8.1 本章内容

本章将在预警系统的背景下介绍一些山洪预报子系统，其中前两个子系统在第 5 章的最后已经进行了简要阐述。本章将提供山洪预报子系统更深入详细的信息。本章面向的读者是那些需要详细了解各国目前使用或正在规划建设山洪预警系统的人员。本章将讨论的系统包括：美国山洪预警系统、中美洲山洪指导（CAFFG）系统、意大利皮埃蒙特系统、目前正处于规划阶段的哥伦比亚阿布拉谷预警系统（AVNHEWS）。

8.2 美国山洪预警系统

8.2.1 地球数据观测

正如第 5 章所说，美国有许多本地自动局地实时评估（ALERT）系统，但没有国家一级的山洪雨量和水位（流量）监测站网。在国家一级，降雨量监测主要通过美国国家气象局（NWS）与美国联邦航空和美国国防部合作部署的多普勒监视气象雷达（1988 型号）（WSR－88D）天气雷达网络完成。

如第 5 章所述，WSR－88D 回波强度数据被转换成高分辨率降雨估值，进而映射到全国每个小流域，完成上述业务的软件称为山洪监测和预报（FFMP）系统。当观测到的降雨量或降雨强度超过一个流域的山洪预警值时，本地预报员将收到 FFMP 发出的报警信息。在一些地区，FFMP 通过加入包含每个流域地形的地理信息系统（GIS）信息和山洪潜势指数（FFPI）来增强其监测和预警的功能。

同样在国家层面，提供给地方预报员的 WSR－88D 数据也由国家环境卫星数据信息服务机构（NESDIS）提供的卫星降雨估值同化融合，NESDIS 与 NWS 相同，也是美国国家海洋和大气管理局（NOAA）下属的机构。这些降雨估值数据通过文本公告的形式直接提供给预报员。网站（http：//www.star.nesdis.noaa.gov/star/index.php）也为预报员提供了一些实验性的产品。上述网址提供的实时卫星降雨估值产品包括：

（1）Hydro－Estimator（H－E），它根据地球同步运行环境卫星系统（GOES）的红外观测产生估值并使用数字天气模型数据修改估值。自2002年以来，H-E一直采用NESDIS的算法。该产品已覆盖全美，但世界其他地区的降雨估值产品还在实验阶段。

（2）GOES多光谱降雨算法（GMSRA），该产品使用了地球同步环境卫星系统的四个成像波段和数字天气模型数据，但相较于H-E产品，该模型数据的覆盖范围较小。该产品目前覆盖全美，仍处在实验阶段。

（3）自校正多元降雨反演（SCaMPR），它使用多个GOES成像波段的数据，并实时更新和校正。该产品目前覆盖全美，仍还处在实验阶段。

（4）Hydro-Nowcaster，该产品根据Hydro-Estimator的降雨量，提供提前3h的降雨预报。

（5）Production Validation，提供当前和最近6h与24h的卫星降雨估值验证，并与地面雨量站和雷达进行对比。

雷达和卫星降雨估值的最终目的检测导致山洪的降雨，确保预报员及时发出预警，为保护生命和财产的行动措施提供足够的时间。在实地观测资料稀少或完全缺乏的地区，雷达和卫星数据至关重要的。但需要强调的是，当国家气象水文机构（NMHS）能够与当地机构和团体合作部署ALERT系统时，才能最大限度地确保预警效果。ALERT系统监测的非常准确，而且可以实时使用，还可以用于校准雷达和卫星降雨估值算法。

8.2.2 预报子系统

图8.1是亚利桑那州的马里科帕县防洪区（FCDMC）山洪预警系统信息流程图。如图8.2所示，卫星、雷达和ALERT系统数据流向当地的天气预报办公室。防洪区的地方官员也可以获

得这些实时信息。天气预报室利用这些信息产生一个定量降雨估算（QPE），将其与 FFMP 系统中的山洪指导（FFG）值进行比较，生成提供给地方应急管理人员和公众的产品。如果雷达或卫星的估计值或预报的降雨量等于或超过一个地区的 FFG 值，则系统软件以图形显示的方式凸显定位，协助预报员快速识别这些位置，预报员可能会对易发洪水的地区发出山洪预警信息。预报员还可以使用不同颜色和表格来突出显示一些未达到但已接近 FFG 值的区域。

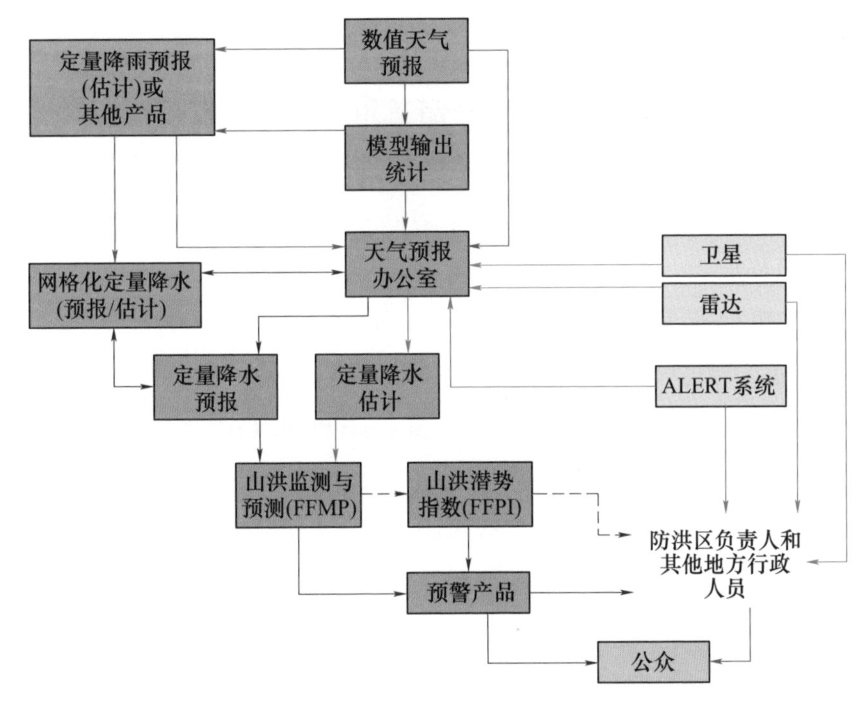

图 8.1　美国山洪预警系统

对于一些流域，预先计算的 FFPI、增强型网格山洪指导（GFFG）、强制山洪指导（Forced FFG）等一些技术也可被应与于决策过程（图 8.2 中的虚线箭头表示）。考虑山洪的快速性和突发性，地方应急管理人员还要不断监视 ALERT 系统的实时监测数据，必要情况下直接向公众发布预警信息。

由于预报系统技术的局限，使根据QPF提前数小时发布山洪警报（Flash Flood Warning）非常困难。但是，提醒有山洪暴发的潜在危险的产品山洪警戒（Flash Flood Watch）可以基于QPF发布，再根据实际监测到的降雨量进行必要的修改。

在美国，数值天气预报（NWP）模型预报和模型输出统计（MOS）是由国家环境预报中心（NCEP）产生的。环境预报中心将NWP和MOS提供给地方的天气预报办公室（WFO）的预报员以及NCEP水文气象预报中心（HPC）的预报员。根据NWS 10－901号指示（2007年9月13日），HPC生产的QPF和定量降雨概率预报（PQPF）产品适用于包括热带系统的所有天气系统。这些QPF产品被用作河流预报中心预报员的指导，并根据当地水文气象条件进行可能的修正后，作为山洪预报模型的输入。HPC向WFO提供了网格化的QPF，作为当地使用的QPF的起始输入。HPC也生产其他在国家级的同化水文气象信息的产品，包括洪水预报产品和山洪预警产品。

当地天气预报办公室的预报员将得到的QPF产品与FFMP系统内置的FFG进行比较，以提前数小时获得在预报员责任区内发生洪水的概率。然后，预报员可以与ALERT系统用户组进行协调，以确保监测站网是否在正常运行，地方是否有足够人员来处理将来的情况。一般情况下，早晨发布的山洪警戒（Flash Flood Watch）预警信息对于即将进行户外活动爱好者可能是非常重要的提醒，因为他们准备到达的地区有可能无法通过无线电接收到山洪警报（Flash Flood Warning）信息。

8.2.3 信息传播

正如马里科帕县防洪区出版的《一个综合山洪预警项目发展

指南》(1997年)所述，一个成功的山洪预警系统必须包括联邦、州和地方政府机构和私营企业之间的协调组织。随着系统的使用和测试，有必要不断更新和改进山洪预警方案，在规划和实施综合山洪预警项目时必须加以解决的主要部分包括：①山洪风险识别；②信息传播；③应急响应；④其他应对措施；⑤关键设施规划；⑥成本；⑦维护；⑧项目建设许可。

这本1997年出版的“指南”是根据国家洪水保险计划的社区打分系统(CRS)信用评估标准组织的。限于篇幅，我们不详细阐述上述内容，但它们对于确保预警系统发挥预期效益至关重要。

同样的，马里科帕县防洪区建有一个在线交互式网站，为第三方提供以下信息：

(1) ALERT系统监测站点分布图。

(2) 单个监测站点数据报告。

(3) 降雨数据和产品。

(4) 水位数据和产品。

(5) 气象监测数据和产品。

(6) 定制产品和报告。

(7) 年度总结报告。

(8) 站点信息描述文件。

(9) 数据和产品免责声明。

8.3 中美洲山洪指导系统

继1998年在中美洲发生的灾难性的米奇台风和洪水之后，美国国际开发署(USAID)为中美洲受灾严重的国家(洪都拉斯、尼加拉瓜、萨尔瓦多和危地马拉）提供重建资金，NOAA下辖的NWS提供技术和培训，开展气象和水文服务和相关设施建设。USAID对外灾害援助办公室（OFDA）也于2000年启动了一个补充项目（中美洲减灾倡议，CAMI）。在这些项目的支持下，NWS与HRC共同为中美洲受灾区开发部署了山洪指导系统。

该系统即中美洲山洪指导（CAFFG）系统，为7个中美洲国家（伯利兹、哥斯达黎加、萨尔瓦多、危地马拉、洪都拉斯、尼加拉瓜和巴拿马）提供业务气象和水文服务（图8.2），并及时指导那些国家的NMHS发布小流域山洪预警。CAFFG系统的特点如下：

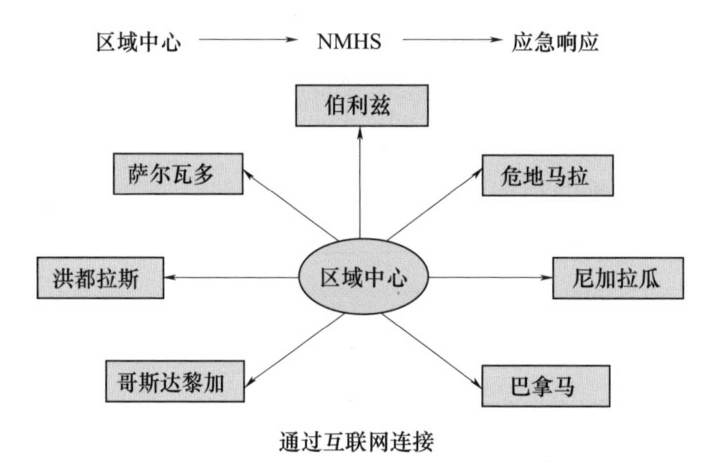

图8.2　中美洲山洪指导系统组织结构

（1）世界上第一个区域山洪指导系统——为中美洲所有国家提供区域和小流域的山洪预警业务产品。

（2）全自动实时操作——数据采集、提取、质量控制、模型处理、输出发布和数据管理完全自动化。

（3）由位于哥斯达黎加圣何塞国家气象研究所区域中心负责集中采集、处理及存储各种各种实时数据。

（4）完全通过互联网向每个国家发布预警产品，各国只需要维护个人电脑，保持互联网连接即可。

8.3.1 地球数据观测

CAFFG系统于2004年8月投入使用，该系统使用NOAA下属NESDIS的Hydro－Estimator产品估算降雨量。FFG值，即产生山洪所需的降雨量，在面积从100～300km^{2}的流域上每6h计算一次，每6h运行一次基于物理机制的水文模型模拟某一地区的土壤湿度，综合确定该地区的山洪指导值。系统将土壤湿度、FFG值和山洪威胁（Flash Flood Threat）的产品发布到互联网，供中美洲各国的NMHS访问。这些NMHS再对产品进行分析并向7个中美洲国家的应急管理机构发布相关信息。

8.3.2 预报子系统

图8.3描述了CAFFG系统的程序流程图。CAFFG系统是旨在容纳现有的中美洲全球数字空间数据库以及实时远程感知的地面降雨和温度数据库。图8.3表示了从输入水文气象数据到计算山洪指导值的系统模型信息流。实时降雨数据通过一个质量控制模型（图8.4）识别筛除无关的数据，并根据实时的每日地面雨量信息调整遥感数据的偏差。通过此模型生产一个合并的小时雨量产品，计算覆盖中美洲的所有小流域（面积100～300km^2）的平均面雨量。

“潜在蒸散量”处理器使用日温度和天气信息计算每日潜在

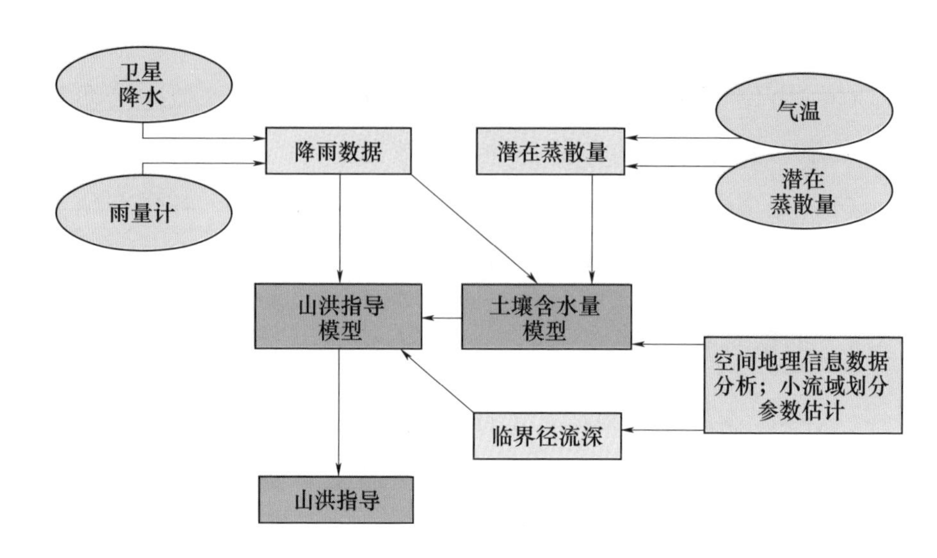

图 8.3　CAFFG 系统程序流程图

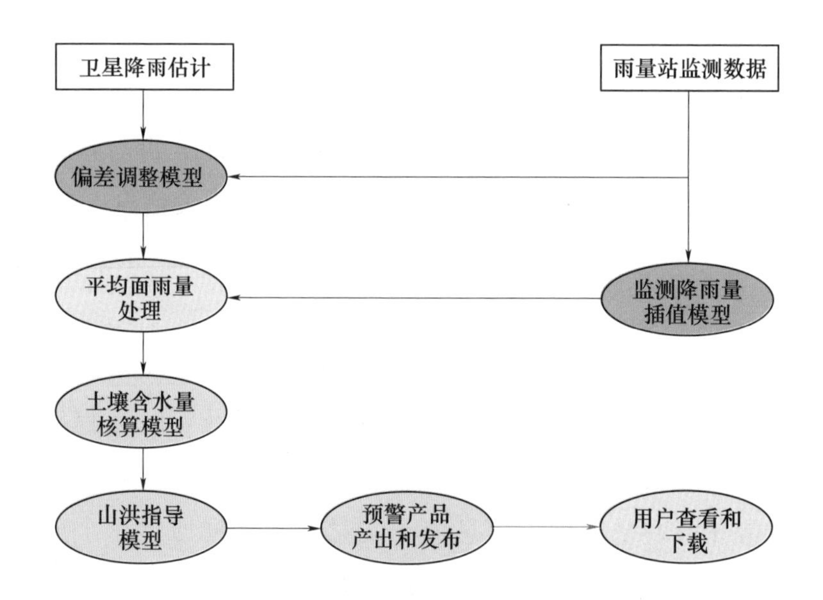

图 8.4　CAFFG 系统实时降雨处理过程

蒸散量，把它作为土壤湿度模型提供的输入信息。土壤湿度模型每 6h 运行 1 次，确定实时土壤湿度条件，进而估算降雨截留（如实际蒸散量和深层地下水流量）和地表径流量。这个模型的参数数据库来自以下数据：1km 分辨率地形的空间数据（TERRAIN），全球数据库的河流数据（STREAMS），土地利用和土地覆盖数据（LULC）以及土壤质地（SOILS）数据。在流域和地貌特征的基础上根据地貌学理论计算获得临界径流深。山洪指导模型使用土壤湿度和临界径流深来产生小流域上引发山洪所必需的给定历时的降雨量，即 FFG 值。

临界径流深定义为一个小流域内给定持续时间的足以引发山洪的净降雨量。使用“净”这个术语来表示除去蒸散和深层渗流后的降雨量，并且表现为通过河网的地表径流。临界径流深提供了在土壤饱和或陆地表面不透水的条件下，对小流域的地表径流深的可能性的估计。它是通过地貌学理论来计算的，并使用了全球数字地形高程数据、土壤和土地利用覆盖数据（1km 分辨率）数据。这些空间数据库使得中美洲山洪指导系统产生的临界径流适用于 100～300km^2 量级的小流域。

1. 空间数据

中美洲的 30s（约 1km）分辨率的数字高程数据来自美国地质调查局的 GTOPO30 数据库（公开的全球数据库）。这些数据通过 GIS 处理用于划定河网和流域边界。

数字水文特征（包括溪流、湖泊和水库的位置）也可以从世界数字图表（DCW）获得。这些数据有助于验证流域和河网划分的结果。

通过马里兰大学的全球土地使用数据库获取中美洲 1km 分辨率的土地覆盖数据集。该地区的主要土地覆盖是林地或树木繁茂的草原（西部地区）、常绿的森林（主要在东部地区），以及危地马拉北部地区的大片落叶林。在土壤湿度分析中使用土地覆盖特征有助于合理估算蒸散量。

联合国粮农组织（FAO）开发了一个土壤和地形属性数据库。基于此，提取了中美洲土壤和地形特征数据集，并被应用于研究土壤水力学性质及其在整个地区的变化。研究发现，该区域大部分地区属于低渗透区（渗透系数小于0.006m/h），但也存在相对高渗透区（渗透系数大于0.03m/h）。

2. 中美洲山洪指导系统硬件

中美洲山洪指导（CAFFG）系统平台由安装在位于哥斯达黎加圣何塞的两台服务器组成：

（1）CAFFG处理服务器（CPS）：

1）Red Hat Enterprise Linux WS v4.5。

2）收集和标准化大量实时数据产品，采用各种模型生成FFG值并将其输出发布到发布服务器（CDS）。

（2）CAFFG发布服务器（CDS）：

1）Red Hat Enterprise Linux WS v4.5。

2）提供登录限制的，安全的互联网和SCP（安全和加密的数据转让）访问，可以获取所有CAFFG系统参与的各国国家NMHS的各种国家数据产品：

（a）CDS仅用于传播预警信息产品的目的。

（b）图形用户界面（GUI）便于用户查看可用数据产品和简化远程数据采集，包括国家数据、区域数据产品、静态ArcView资源和系统监控资源。

8.3.3 发布

CAFFG系统产品在哥斯达黎加的区域中心开发并发布到各个国家的NMHS和应急响应机构。系统产品（每1h的降雨产品和其他产品）的传播路径，每1h（降雨产品）或每6h（剩余产品）更新一次，如图 8.5 所示。基本的 CAFFG 系统用户培训手册可通过以下网址在线获得：http：//www.hrc－lab.org/caffg_training/en/index.html。

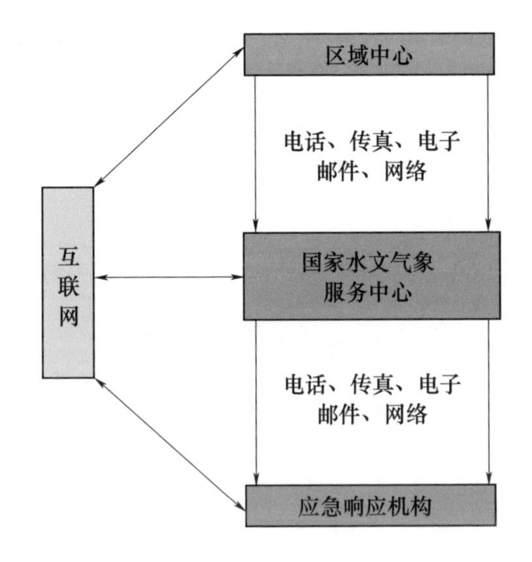

图 8.5　中美洲山洪指导系统信息发布路径

8.4　意大利皮埃蒙特地区预警系统

皮埃蒙特是意大利第二大区，发源于阿尔卑斯山的意大利最大的河流波河（River Po）从皮埃蒙特横穿而过。波河上游由很多源短流急的支流组成，而中间段则较平坦，具有较长的洪水响应时间（Rabuffetti 和 Barbero，2003 年）。

波河管理局为皮埃蒙特制定了山洪和地质灾害预警系统的战略规划。波河管理局制订一张洪水风险图，并融合了地形和土地利用等信息。他们这样做是为了确定该地区易受山洪和山体滑坡影响的流域，并给它们确定相对的风险类别。如图 8.6 显示了一条河流沿岸的 3 个不同等级的可能的水文危害。C 区表示 500 年一遇的洪泛区，B区域代表200年一遇的洪泛区，并考虑了堤坝和水库对洪水的影响，A地区则包括干流和山洪易发区。在A区，不允许建造建筑物。在B区内，人类只能在规定区域内活动。C区人可以居住并建造建筑物。皮埃蒙特地区有众多的堤防，但该区的防洪计划仍注重通过非工程措施提高安全性，如制订建筑和人类活动分区、建立预案体系和预警系统。

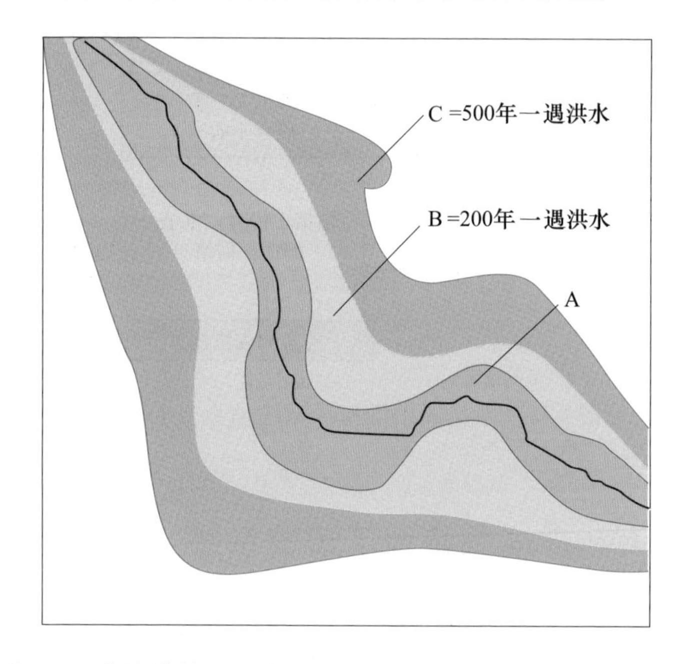

图8.6 皮埃蒙特地区主要河流沿岸的三种等级的水文灾害

从1800年至今的记录表明皮埃蒙特地区每隔一年都会遭受区域性洪水，通常为山洪或低地河流泛滥。灾害发生季节通常为春季或秋季。鉴于这些洪水造成的风险，波河管理局建立了一个洪水预报和预警系统。

8.4.1 预报子系统

1978年成立的区域技术预防服务管理所建立了一个全天候运

营中心，称为自然灾害情况室（SSRN），该中心负责预报皮埃蒙特地区的洪水灾害。中心的专家团队专注于地质学、气象学、水文学，以研究洪水暴发的可能性并基于预测采取行动。SSRN 每天发布观测和预测的气象报告，而且特别重视降雨预报。这些评估随后被分别传播给负责保护和警告公众的地方应急管理机构。社区则参与以下行动：

（1）制订当地洪水应急方案。

（2）研究当地的洪水和山体坡度的动态变化。这些地方性的研究能够改善山洪灾害的响应，并将其反馈至上一级地区和国家层面的评估和综合管理机构。

（3）鼓励和招募志愿者参与执行洪水期间的应急响应计划，并与国家和地区当局实时交换更新信息，提出有关改进建议。

预警系统的几个阶段——调查、预警、警报和应急——会在特定条件下相继启动。这些特定条件包括主要河流泛滥、山洪暴发和山区的小规模山体滑坡。每项灾害评估均按风险程度编码：1 为无危险，2 为低危险，3 为高危险。预报人员根据可能受到影响的地区以及预计的洪水次数，区分第 2 类和第 3 类风险。

为了执行预警系统的几个阶段，国家气象水文中心和区域预报中心会不断地对灾害情况进行调查。当他们宣布进入预警阶段，会启动本地中心的预报和监视活动，但是不会将预警消息传达给公众。一旦洪水已经开始并被判断为即将发生危险，则公众会接收到警报。这个系统将中等水平灾害的预警信息只传达给地方当局，而只有在确定即将发生灾害事件时向公众发出警报，因此，它能够最大限度地减少面向公众的误报。

皮埃蒙特警报系统对以下情况进行评估并发布警告：

（1）大洪泛区（面积大于 $400km^2$）长时间强降雨导致的洪

水风险，可能对河谷和低洼的城镇和基础设施造成危害。

（2）小地区（面积小于 400km^2）短时对流天气造成的当地水文地质风险，包括山洪暴发、小型山体滑坡和城郊排水系统失效等情况。

（3）暴风雪造成的封路和其他运输困难情况。

预警系统将皮埃蒙特根据降雨模式和洪水属性划分为若干个流域分区。分区还考虑了与应急管理和地方管理有关的因素。

SSRN 是一个全天候运营的中心，主要有两项任务：①水文气象条件调查，技术人员确保系统运行并持续报告数据；②由气象学家、水文学家、地质学家对水文气象事件进行预测预报。这些专家负责发布预报和预警公告并致力于完善预报预警系统。SSRN 使用以下这些信息系统：

（1）用于气象和水文监测的自动监测网络。

（2）气象雷达（目前有两种）。

（3）自动大气高空探测，每天进行两次。

（4）全球和地方气象预报数值模拟。

（5）主要河网洪水预报的数值模拟。

SSRN 气象组每天 11 个警报区域产生一次 48h QPF 以及温度预报。基于此，水文学家和地质学家可评估气象情况的预期影响。

评估灾害的风险水平有两种不同的方法（图 8.7）：第一种方法是将 QPF 与预定义的 FFG 值进行比较。该值来自过去事件（离线活动）的研究和数值模型模拟。第二种方法是使用实时数值模拟（在线程序）。

（1）第一种方法使用定量降雨预报，其与水文模块相连接，能够允许产生早期的预警。由于 QPF 包含很大的不确定性，气

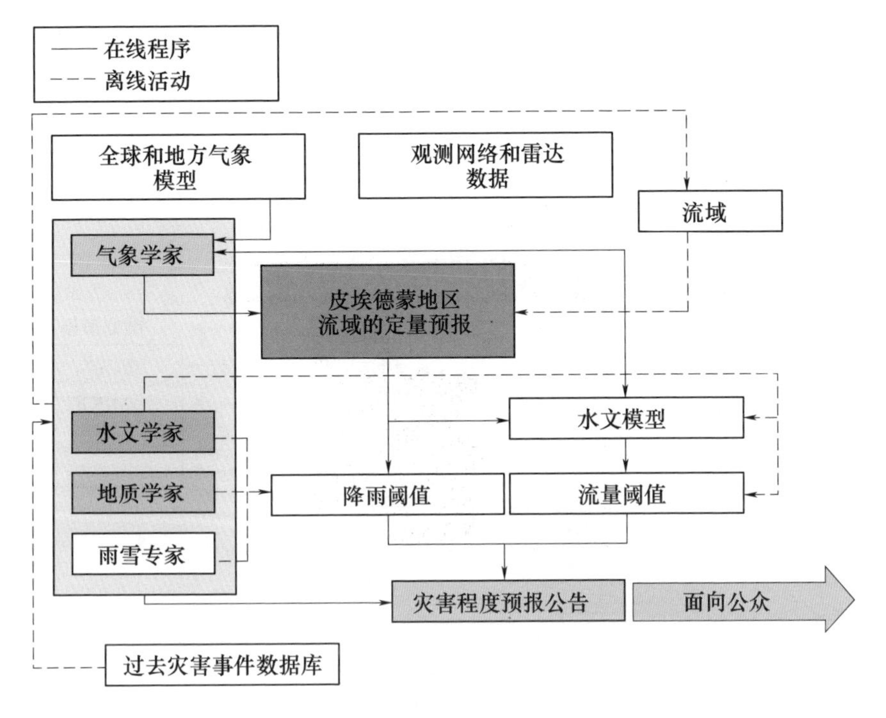

图 8.7 皮埃蒙特水文气象预报流程图

象学家只能定性地将其用于长期（1～2d）预测。这个系统会产生频繁的错误警报，但是在大多数情况下，这些警报都是只与地方当局分享，一般不会发布给公众。

（2）第二种方法使用流体动力学模块和实时水文气象观测数据，如图 8.8 所示。该系统产生短期临近（6～12h）合理的洪峰峰值流量和洪峰到达时间预报，可以定量使用，而且对中等规模的洪水事件发生之前的预警对地方当局来说，非常有价值。

实时数值模拟通过一个实时流量预测决策支持系统 FloodWatch 进行。FloodWatch 将数据库与丹麦水利研究所（DHI）MIKE 11 水文水动力建模和实时预报系统（DHI，2006 年）相结合，并全部集成在 ArcView 地理信息系统环境，形成了一个非常强大的实时流量预测和洪水预警工具。FloodWatch 可以使用内置任务计划程序自动运行，或者可以由技术人员手动操作。图 8.8 为系统的数据流。

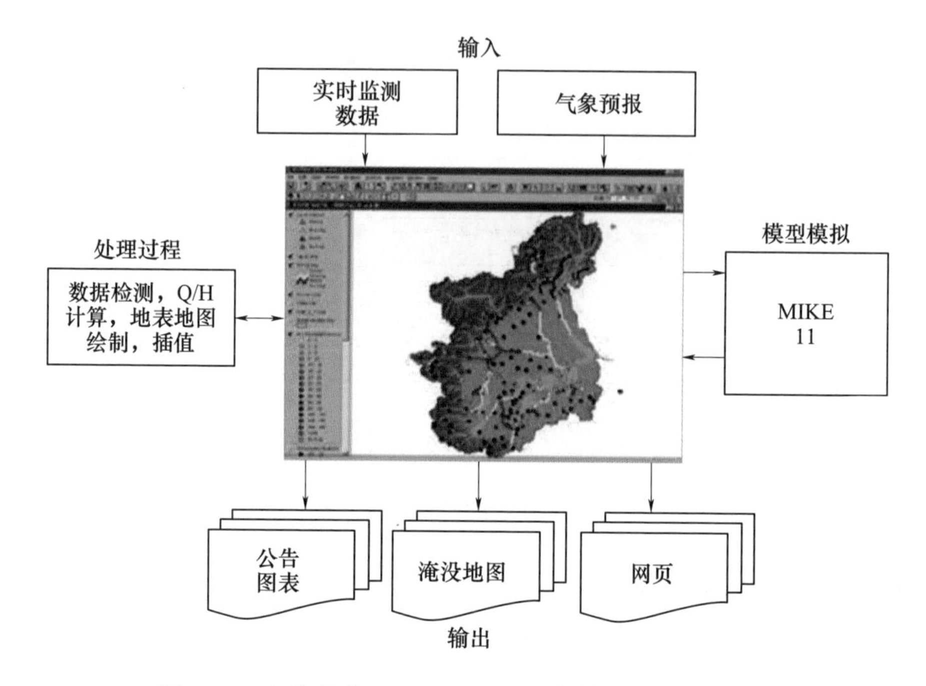

图 8.8　皮埃蒙特 FloodWatch 系统输入和输出信息

8.4.2　传播

FloodWatch 系统产生多个输出。基于 ArcView 的图形显示能够自动展示和更新实时状态和预测条件。该系统还输出文字产品、监测数据图表和预测的水位和流量。

FloodWatch 系统为整个河网提供河流水位和流量预报。水文学家通过主要河流的 40 个断面来验证预测结果。一旦验证完成后，验证结果将以 HTML 格式保存，以便立即显示在地区公共机构专有网络（RUPAR）托管的内部网站上。这些产品是不面向公众开放的。

最后，由专家组为每个警报区制作预期水文灾害风险（A、

B或C）和相应的危险等级（1、2或3）的文本公告。在灾害事件结束后，一旦出现由降雨引发的山洪或山体滑坡造成损害的报告，实际的洪水数据将被录入数据库中，这种措施使系统开发人员根据实际情况对降雨量和水位预警指标进行调整，从而改进洪水预报模型。根据最近使用的分布式水文模型应用情况，即使有显著的定量流量预测误差，但很多洪水情景仍然可以被成功地预测（Rabuffetti 等，2009 年）。

正如 Rabuffetti 和 Barbero（2004 年）所指出的那样，皮埃蒙特预警系统还可以应用于其他山洪易发区。但是，系统的成功与否取决于监测数据的充分性、信息技术系统和通信系统的能力以及跨学科合作的程度。

8.5 哥伦比亚阿布拉谷预警系统

2008 年，NOAA 应哥伦比亚国政府的邀请设计了一个有助于减少哥伦比亚安第斯山脉阿布拉谷的麦德林和其他 9 个邻近城市的山洪灾害影响的山洪预警系统。

阿布拉谷预警系统（AVNHEWS）（NOAA，2009 年）是采用系统工程的方法设计的。系统工程是一个迭代的、任务驱动的设计和建设过程，将单个复杂系统分解为一系列子系统。这些子系统可以被独立设计和开发，然后集成到复杂系统中。运作时，AVNHEWS 将整合现有的灾害管理基础设施和新的基础设施以建立一个端到端的预警系统。该系统将完成以下工作：①减少阿布拉谷山洪和泥石流造成的生命财产损失；②加强阿布拉谷周围流域的水库管理；③改善当地的天气预报。AVNHEWS 还将提升哥伦比亚整个国家的降雨预报和山洪预测的能力。

正如图 8.9 所示，AVNHEWS 多个子系统将结合起来实现以下任务：

（1）地表监测子系统将主要依靠雨量、水位（流量）和其他已经部署在整个地区的传感器创建一个实时的地面监测数据流。该数据同时会被用来校准雷达和卫星降雨估值以及改进预测模型。

（2）气象雷达子系统将使用至少一个气象雷达站来产生阿布拉谷周围的高分辨率降雨估值。如果需要改进系统覆盖范围，则可能增设监视（或间隙填充）雷达。

（3）卫星降雨子系统将采用水文气象环境研究所现有的中尺度天气观测产品，通过 GOES 卫星接收，以产生实时的全国性降雨估值。

（4）山洪预报子系统将为阿布拉谷产生高分辨率的实时山洪指导值，同时为整个哥伦比亚地区产生低空间分辨率的实时山洪指导值。该子系统还将生成经过校正的实时网格化定量降雨估值产品供系统使用。

（5）水文预报子系统将分析阿布拉谷的洪水灾害，并使山谷临近流域的水库运营商能够开展洪水和发电调度。

（6）信息管理子系统（在图 8.9 中用红色箭头表示）将会采集、存储和传播上述子系统的数据至预测子系统，使 AVNHEWS 的工作人员能够将重要的信息分发给第一响应者和广大市民。

（7）运营中心子系统（包含气象预报子系统和水文预报子系统的大型子系统）将容纳 AVNHEWS 预测和预警相关的人员和设备。运营中心将与其他利益相关者相互协作，利益相关者包括第一响应者、媒体和根据 AVNHEWS 操作概念定义的一般公众。

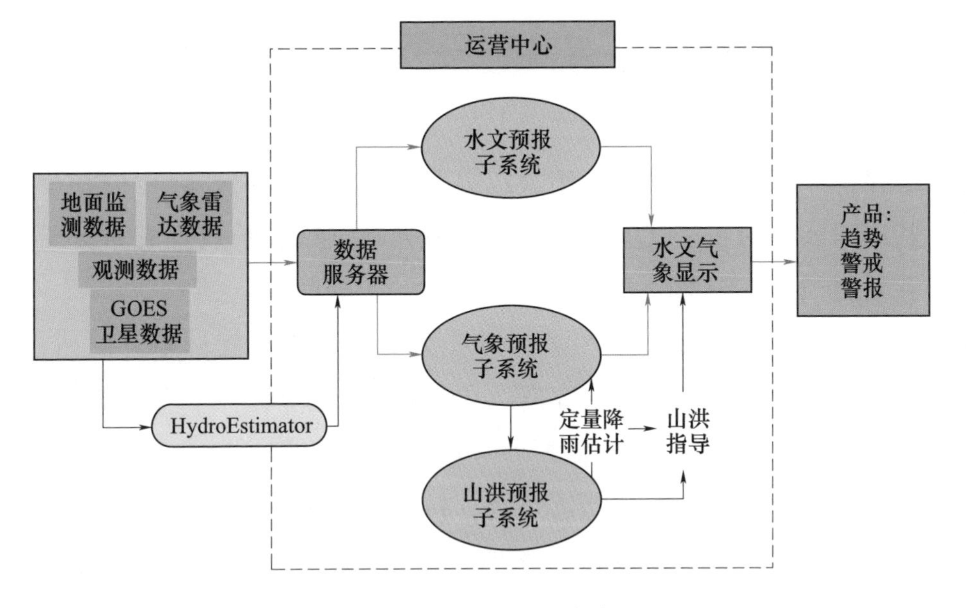

图 8.9　AVNHEWS 框架图

8.5.1　现有条件调研

任何预警系统规划设计时，首先需要评估有现有哪些条件和基础设施可以使用，有哪些不足需要通过新功能和新设施来补充。每个预警系统都有其特点，需要因地制宜，但是每个预警系统都需要 4 个基本组件才能生效。如第 1 章中图 1.3 所表明的那样，任何有效的预警系统的 4 个基本组成部分是：

（1）风险知识——对灾害危害和脆弱性进行系统评估，并对他们的模式和趋势进行标绘。

（2）预测——使用可靠的科学技术方法准确及时地预测灾害。

（3）预警——清楚并及时向所有有灾害风险的人发布预警。

（4）行动——收到预警信息后，国家和地方做出正确的响应。

8.5.2 地球数据观测

在阿布拉谷这一实例中，上述4个部分所需的大部分能力已经存在。现有灾害管理基础设施中薄弱环节是预测，阿布拉谷及其周围区域的水文气象事件预测能力欠缺，因此补短板成为实现有效的预警系统的紧要任务。

事实上，该地区有一定量的水文气象预报基础设施。例如，哥伦比亚水文气象环境研究所（IDEAM）运营着一个有28个站点的气象观测网，且其中7个站点全天候工作。除了几个高空站，还运行约250个自动监测站点和一个GOES卫星站。对于短期天气预报，气象学家目前使用来自NOAA的全球预报系统模型的输出；然后将其与IDEAM的MM5中尺度模型进行比较，以产生哥伦比亚主要城市和4个主要地理区域的气象预报产品（最多3d）。

两个区域性水电公司在该地区开展了基于监测站点的水文预报，并采用中尺度模型来改善其短期降雨量预报精度。当地的研究机构也在运行着包括MM5和WRF在内的中尺度天气预报模型。

卫星和雷达降雨估值和相关的水文气象模型在AVNHEWS中发挥了重要作用。图8.9表明，AVNHEWS还可以拓展应用范围，增加新的功能并支持除山洪和泥石流预报以外的应用。例如，当麦德林地区遭遇空气或水污染时，可以使用AVNHEWS发布公共健康警报；也可扩展到包括山体滑坡在内的其他地质灾害预警。同样值得注意的是，AVNHEWS可以兼容任何可能的数据类型，来自交通摄像头、紧急情况报告和视觉观察等人类观测数据也可以被整合到系统中，以便增强阿布拉谷预警系统预测员的感知能力。

AVNHEWS在地理服务范围和功能上都可以扩展，也可与未来在该地区建立的其他预警系统实现共享共联。此外，预测中心之间的合作也会提高他们的产品和服务质量。例如，山洪预报子系统，将专门为阿布拉谷提供基于雷达的洪水风险分析，同时也将为整个哥伦比亚提供基于卫星的洪水风险分析。随着哥伦比亚气象雷达网络的扩大，它的山洪预报的质量也会逐步提高（因为雷达比卫星提供更高的时间和空间分辨率数据）。

8.5.3 预报子系统

山洪预报子系统为阿布拉谷提供小尺度的实时山洪指导，同时为整个哥伦比亚提供大尺度的实时山洪指导。

山洪预报子系统的输出结果将被用户作为检测能够引发山洪的天气事件的工具（如强降雨或饱和土壤上的一般性降雨），并使得用户能够快速评估一个地点发生山洪的可能性。山洪预报子系统允许纳入有关当地条件的经验、其他数据和信息（如数值天气预报输出）和任何本地实时观测信息（如非常规监测数据）。并运用这些数据来评估当地山洪的威胁，预警产品包括阿布拉谷内25～50km^2的小流域和哥伦比亚其他地区100～300km^2的流域的1～6h的山洪潜在危险的评估。雷达卫星降雨量估值将与现有的当地降雨监测数据共同使用，以获得经过校正的当前降雨量预报值。这些降雨数据也将用于更新预报子系统中土壤湿度模型参数。

预报子系统完全集成到阿布拉谷预警系统整体设计方案中，并依赖于系统的数据可用性（包括类型、数量、质量和延迟）。但是，子系统内数据处理已经过优化并能够实现以下功能：

（1）提供全自动数据采集、提取、处理、建模、产品输出和发布。

（2）建立数据采集时间策略，以优化子系统模型处理期间的数据可用性。

（3）建立处理时间策略，使用可持续处理负载技术以加快子系统结果的可用性。

这种方法以及精心构建的操作概念能够确保及时向用户提供实时和合理的数据和信息。

8.5.4 传播

山洪预报子系统有两个用途：一是用于阿布拉谷，二是用于哥伦比亚的其余地区。这两个应用将使用实时的、不同数据源的观测降雨量。两个应用的输出产品也有不同的分辨率。

该子系统旨在增强阿布拉谷和哥伦比亚其他地区的用户获取观测数据、产品以及其他信息，并由此产生小流域的山洪预警信息的能力。山洪预报子系统将生产两种主要产品：山洪指导和山洪威胁。它们的定义如下：

（1）FFG值是指能够在一个小流域的出口引发洪水所需的给定历时的降雨量。FFG值是一个显示造成小流域小规模洪水需要多少降雨量的指标。

（2）山洪威胁（Flash Flood Threat）是指一个给定持续时间内超过相应的山洪指导值的降雨量。因此，山洪威胁是判断一个区域是否正在发生山洪以及是否应该立即采取行动的指标。

一旦预警系统发出山洪警戒（Flash Flood Watch）或山洪警报（Flash Flood Warning），以下4个用户具有信息接收优先权：

（1）国家预防和灾害管理办公室。

（2）民防部门。

（3）红十字会。

（4）哥伦比亚总统。

预警信息发布系统的一部分如图 8.10 所示。国家预防和灾害管理办公室和 32 个大区预防和灾害管理委员会、本地预防和灾害管理委员会相互协作分发预警信息。

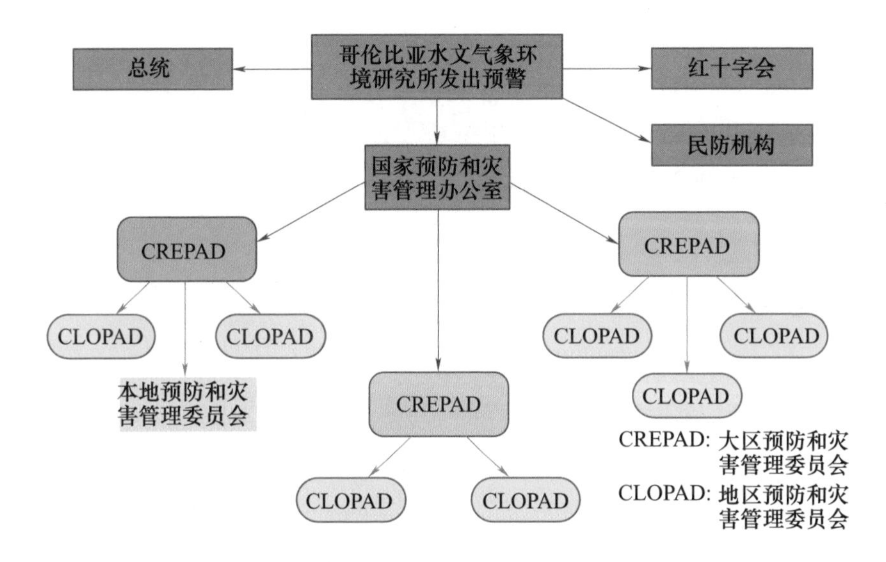

图 8.10 阿布拉谷信息发布系统的理想描述

端到端的山洪预警系统要点

（1）设计任何预警系统都应首先评估有哪些现有条件和基础设施可资利用，有哪些不足需要通过新功能和新设施来补充。

（2）预报技术的瓶颈使得根据 QPF 发布数小时预见期的山洪警报非常困难。但是，山洪警戒（提醒第三方有山洪暴发的潜在危险）产品可以基于 QPF 发布，再根据观测到的实时降雨量进行必要的修改。

(3) 美国的山洪预警系统建立了 NWS、区域预报中心和当地的洪水应急管理机构的合作关系。

(4) CAFFG 系统向 7 个中美洲国家的水文气象机构提供及时的山洪指导值，使这些国家的水文气象机构能够对其责任区内的小流域发布有效的山洪预警信息。

(5) 皮埃蒙特（意大利）系统建立了一个预报小组，小组的专家团队专注于地质学、气象学、水文学，研究洪水暴发的可能性和决定需要采取什么行动。

(6) AVNHEWS 采用了系统工程方法设计。也就是说，这是一个迭代的、任务驱动的设计和建设过程，该过程将复杂的系统分解为一系列更简单的子系统。

参考文献

[1] DHI. FLOODWATCH, User Guide and Reference Manual [M]. Horsholm: DHI Water & Environment, 2006.

[2] EISNER H. Essentials of Project and Systems Engineering Management [M]. Wiley $ Sons, 2002: 429.

[3] Federal Emergency Management Agency. National Flood Insurance Program Community Rating System Coordinator's Manual [M], 1993.

[4] Flood Control District Maricopa County. Guidelines for Developing a Comprehensive Flood Warning Plan [R/OL]. 1997. http://156.42.96.39/alert/fwguide.pdf.

[5] Flood Control District Maricopa County. ALERT System On - line Interactive Product Catalog [R/OL]. 2008. http://156.42.96.39/alert/APC.pdf.

[6] NOAA. Design of the Aburrá Valley Natural Hazard Early Warning System (AVNHEWS) - A plan to implement a state of the art Flash Flood Warning System in the Abrurra Valley, Colombia [R], 2009.

[7] RABUFFETTI D, RAVAZZANI G, BARBERO S, et al. Operational flood - forecasting in the Piemonte region - development and verification of a fully distributed physically - oriented hydrological model [J/OL]. Advances in Geosciences, 2009, 17: 111 - 117. http: //www. adv - geosci. net/17/111/2009/.

[8] RABUFFETTI D, BARBERO S. The Piemonte Region Meteo-hydrological Alert Procedure and the Real Time Flood Forecasting System [R/OL]. WMO/GWP Associated Programme on Flood Management (APFM), 2004. http: //www. apfm. info/casestudies. htm #europe.

[9] RABUFFETTI D, BARBERO S. Integrated Flood Management Case Study: Italy: Piemonte Region Meteo - hydrological ALERT and Real - Time Flood Forecasting System [R]. WMO/GWP Associated Programme on Flood Management (APFM), 2003: 12.

第9章 山洪预警系统的运营理念

9.1 本章内容

在这最后一章中，我们将探讨一个山洪预警系统的运营理念。山洪预警系统是一个复杂的系统，本章将在系统工程生命周期过程的背景下解释运营理念的作用和目的。然后，本章列出了山洪预警系统运营理念的主要元素。最后，我们总结了一些避免系统开发中常见错误的指南，列出了系统运营理念要素清单。

9.2 山洪预警系统运营理念的重要性

如本指南前面章节所述，现代预警系统是一个复杂的动态系统。事实上，图1.3表明预警系统通常是一个“系统的系统”，它以相当复杂的方式整合了大量利益相关者和基础设施。通过建立运营理念，国家水文气象机构（NMHS）可以在有许多利益相关者对各个子系统负责的情况下，最大限度地保证各预警子系统融合成一个整体，发挥综合效益。

预警系统设计是一个渐进的过程，需要按照“系统工程生命周期”组织实施（图9.1）。这个过程的第一步就是理念设计。它不仅有利于系统其他部分设计开发，还是一个验证系统可行性的方法。一个有良好设计的预警系统在技术、经济上失败的风险比没有系统理念的预警系统要低得多。

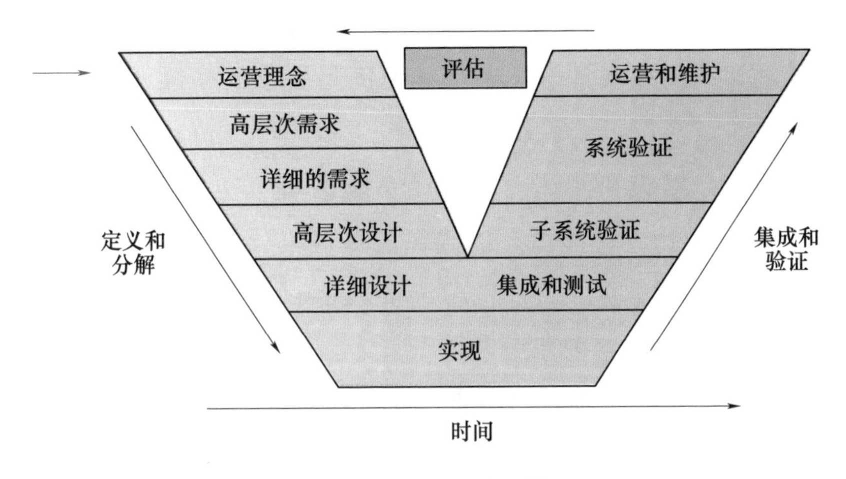

图 9.1　系统工程生命周期过程

美国政府在 2005 年的一项研究发现，有完整的运营理念至少有 3 个好处，它们是：

（1）利益相关者的共识：确保每个合作伙伴理解和支持拟建的系统。

（2）降低风险：在采购或实施系统之前，统筹规划、考虑细节，这有时会造成痛苦但终归是一个有益的过程。

（3）质量改进：尽可能来利用现有和新的基础设施来提高系统性能。

9.3　系统工程生命周期过程

一个有效的运营理念必须考虑到所有利益相关者，最终达到无论高层决策者还是系统操作员对运营理念都是认可的。

建立运营理念是系统工程生命周期过程的第一步，共涉及8个基本步骤：

步骤1：运营理念设计——确定系统使用的方式。

步骤2：需求分析——系统将如何运行的一般和具体定义。

步骤3：详细设计——系统如何满足要求的一般和具体定义。

步骤4：实施——系统组件的构建和部署。

步骤5：集成和测试——完成系统的每个组件后，它将集成到整个系统中并进行测试，以确保满足规格要求。

步骤6：系统验证——也称为验收测试，这一步确保整个系统与设计一致并符合要求。

步骤7：操作和维护——此阶段代表正在进行的以预期方式使用系统的过程（并验证可以以这种方式使用系统）并维护系统。

步骤8：评估——定期验证理念设计是否反映最佳操作方法，并且操作是否遵守理念设计的规定方法。

图9.2说明了尽管建立运营理念是系统工程的第一步，但即使在系统实施之后，仍然需要在系统的整个生命周期内维护理念。

系统工程是一个连续的、基于过程实现和运行复杂系统（如山洪预警系统）的方法，该方法有4个目的：①降低风险；②控制成本和时间表；③提高质量；④满足用户需求。

9.4 运营理念定义

尽管对“运营理念”一词有一系列的解释，但下列内容与建立实施山洪预警系统有密切关系，它包括以下内容：

(1) 系统开发的意义和系统本身的概述。

(2) 从部署到终止系统的整个系统生命周期。

(3) 系统使用的不同方面，包括操作、维护、支持和终止。

(4) 不同类别的用户，包括运营商、维护者、支撑单位，以及他们不同的能力和局限。

(5) 系统使用和支持的环境。

(6) 系统的边界条件及其与其他系统和环境交互的界面。

(7) 何时以及在什么情况下使用该系统。

(8) 所需功能目前是否能够充分得到满足。

(9) 系统将如何使用，包括操作、维护和支持。

(10) 说明使用该系统涉及的情景。

总而言之，山洪预警系统的运营理念设计报告需要成为一个全面和指导性的文件，使所有利益相关者（包括运营商）都能了解谁、何时、何地、为什么、如何以及怎样运行山洪预警系统。

9.5 运营理念的要素

美国国家标准协会（ANSI）发布了运营理念标准（ANSI/AIAA G-043-1992），该标准提供了运营理念要素的描述，有助于描述任何系统的特性，从系统操作角度和每个利益相关者的角度回答“系统是什么样的”这一问题。

图 9.2 总结了运营理念必须回答的主要问题。

在典型的山洪预警系统背景下，为了解答为谁、何时、何地、为什么、是什么以及怎样做等问题，需要解决以下问题：

(1) 总体情况：①系统建设的目标；②系统建设内容概要；③目标受众或受益人；④系统的局限性。

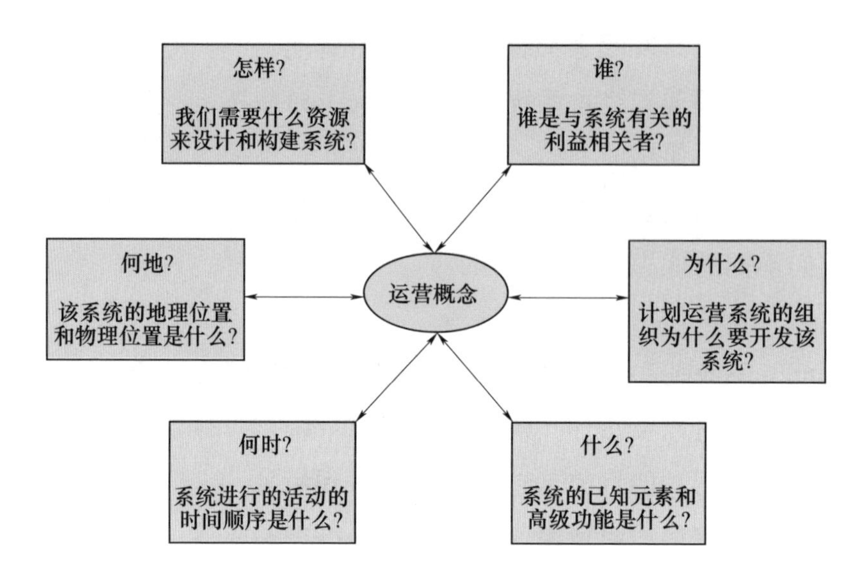

图 9.2　运营理念设计涉及的问题

(2) 参考材料——描述了咨询的专家和方法包括：①与利益相关者、学者和其他专家进行讨论；②其他国家的系统建设和运行情况；③任务需求和运营需求分析；④供应商提供的建议和产品手册。

(3) 操作描述——从用户的角度描述系统，并包括：①每个用户的角色和活动摘要；②梳理用户操作的顺序；③操作流程程序总结；④与组织决策和管理结构相关的描述和流程图。

(4) 系统概述——这是对关键系统组件的任务要求和相互关系的更进一步描述，并提供：①可衡量和有时限的具体目标；②子系统之间的相互关系；③确认系统目标的实现程度。

(5) 运营和支撑环境——描述与每个子系统相关的基础设施：①设施；②设备；③硬件；④软件；⑤人员；⑥操作程序；⑦维护、培训和支持要求。

(6) 操作场景——使用一个或多个具有代表性的山洪场景来描述“实际运行”的系统，以反映：①一系列利益相关方的观点；②一系列的压力或失败情况；③典型和极端情况。

显然有很多不同的方法来开展运行理念设计。每个 NMHS 都应考虑其利益相关方的要求，然后在理念设计提出解决上述问题的有效方法。

提示

想要成功开发系统没有捷径，想要绕过理念设计的全过程来开发系统，最终只会迎来失败。

理念设计不仅需要时间、专业知识和资金、还需要领导力，以确保每个利益相关方在系统投入运行后都满意。因而，理念设计是一个开展广泛的咨询和技术研究，之后从一系列子系统构建整体系统的过程。

9.6　理念设计时应避免的常见错误

系统理念设计过程没有经验或没有引起高度重视，通常会犯一些错误。这些错误包括：

(1) 错误 1：作为交付物的一部分，期望系统供应商、承包商或其他外部合作伙伴为他们进行理念设计。实际上，这是不可能的。为了保持相关性并确保拥有所有权，业主（NMHS）必须确保团队中的战略和运营计划人员负责理念设计工作。

(2) 错误 2：推迟理念设计直到系统已经完成设计和交付。运营理念是一个“不断变化”的文档，必须在系统设计完成之前起草，然后随着系统要求的变化不断更新。

(3) 错误 3：为理念设计配置的资源（时间和费用）不足。

山洪预警系统的操作理念化过程复杂，乏味且耗时。它还需要研究团队从其他领先的区域或国际的预警系统项目了解当前的发展形势。

（4）错误4：为理念设计投入的员工能力不满足要求。一个设计团队如果没有具有组织战略、运营、技术、管理、财务和通信经验的代表性人员，则该团队是无法发挥效果的。团队不仅需要将预警系统的操作理念化，还需要能够以书面的形式有效地记录该内容。

（5）错误5：复制另一个组织的运营理念。借用另一个组织的方案，以避免审议自己的方案的过程似乎是一个有效的捷径，但那个组织的方案里面的错误会被当是由你制造的。更糟糕的是，利益相关者（特别是系统运营商）对这些原封不动引进的运营理念的支持度，要比对为他们量身定制的理念的支持度低得多。

（6）错误6：当新建的山洪预警系统正在实施并且投入使用时，忽略了对运营理念的更新。除非运营理念经常反映实际的系统设计、任务要求和运营愿景，否则它将很快变得不可靠和无用。确保作为运营计划的一部分，需要定期系统地检查和更新运营理念，以保持其与预警系统的相关性。

9.7 运营理念需求清单

以下清单并不是详尽的或规定性的，但代表了山洪预警系统理念设计过程中的良好实践。

山洪预警系统运营理念至少应包含以下内容：

（1）文档：

1）分发列表——每个参与人员必须得到运营理念副本。

2）修订清单——自原始草案发布以来发布的增编和修订草案。

3）关联文档——支持运营理念的所有手册、指导原则或策略。

4）参考资料及来源——在开展理念设计时咨询专家名单和咨询内容。

5）技术路线——理念设计的技术路线。

（2）介绍：

1）范围——系统的愿景、目的和规模。

2）描述——系统的简单易懂的定义。

3）优先事项——系统要解决的优先事项。

4）方法——用于理念设计的方法。

5）贡献者——所有参与理念设计的人员姓名和从属关系。

6）术语表——设计中使用的所有关键术语的含义。

7）缩略语列表——所有术语缩写的完整拼写。

（3）战略框架：

1）使命声明——明确、简洁地阐述系统的最终可交付成果。

2）政策授权——履行任务要求的基础。

3）目标和具体目标——具体的、可衡量的、可实现的量化目标。

4）系统定义——系统的描述，采用简单易懂的文档格式。

（4）操作框架：

1）设施——确保系统正常运行所需的既有和新建设施。

2）角色和责任——描述每个子系统运营商在整体运营层面的贡献。

3）人员配备——确保系统短期和长期正常运行所需的人员。

4）技能培训——描述必要的培训、练习和演练制度，以确保系统的可持续性。

5）通信——描述信息在每个子系统之间交换和传输的主通道和备用通道（见第3章和第4章）。

6）数据——每个子系统的数据需求清单，包括需要率定的历史数据以及实时数据（见第3章）。

7）模型——描述山洪预报所涉及水文气象模型（见第4章）。

8）产品和服务——定义系统产生的输出产品和服务（见第6章）。

9）硬件——描述系统的技术基础设施和水文气象传感器（监测站点、雷达和卫星网络）（见第4章）。

10）软件——每个子系统使用的应用程序描述（见第4章）。

11）维护和更换——每个子系统的维护要求和正常使用年限（见第4章）。

12）研究与开发——提供让系统操作员和其他合作伙伴参与应用程序开发的框架（见第6章）。

13）宣传与公众教育——促进社区参与山洪预警系统建设（见第7章）。

14）操作场景——描述几种典型的山洪场景，描述系统在正常和极端条件下运行流程（见第8章）。

（5）绩效评估指标：

1）整体系统性能测量——确定受灾人群转移的最短预见期，最大“误报率”“空报率”，社区群众认可度，系统可靠性等。

2）子系统性能测量——确定气象雷达子系统正常运行的时间，监测站网年最大维护费用等。

(6) 附录:

1) 整体系统和子系统图。

2) 运行、维护和更新预算计划。

系统运营理念要点

(1) 运营理念设计是山洪预警系统工程生命周期的第一步。

(2) 每个系统的理念都有其特殊性,需要征求所有利益相关方的意见并定期修订。

(3) 运营理念设计试图用一种相对简单的语言,解答在典型山洪预警系统背景下谁、何时、何地、为什么、是什么以及怎样做等问题。

(4) 不要为理念设计而选取捷径——它需要战略制定和运营管理人员的认真和专注,才能取得实效。

参考文献

U. S. Department of Transportation, Federal Highways Administration. Developing and Using a Concept of Operations in Transportation Management Systems: FHWA - HOP - 07 - 001 [R] . 2005: 43.

附录 A

专业缩略语

ABR　Average Basin Rainfall
流域面平均降雨量

ADPC　Asian Disaster Preparedness Center
亚洲防灾中心

AIAA　American Institute of Aeronautics and Astronautics
美国航空航天研究所

ALERT　Automated Local Evaluation in Real Time
局地自动实时评估

ALFWS　Automated Local Flood Warning System
局地自动洪水预警系统

AMBER　Areal Mean Basin Estimated Rainfall
流域面雨量估值

ANSI　American National Standards Institute
美国国家标准协会

AOR　Area Of Responsibility
责任区

ASTER　Advanced Spaceborne Thermal Emission and Reflection Radiometer

先进的空间热辐射反射测量仪

AVHRR Advanced Very High Resolution Radiometer

超高分辨率辐射计

AVNHEWS Aburra Valley Natural Hazard Early Warning System

阿布拉谷预警系统

BCDA Bases Conversion and Development Authority

基层改革和发展管理局

CAMI Central America Mitigation Initiative

中美洲减灾倡议

CAFFG Central American Flash Flood Guidance

中美洲山洪指导

CAP Common Alerting Protocol

通用预警信息系统

CBDRM Community - Based Disaster Risk Management

基于社区的灾害风险管理

CBFFWS Community - Based Flash Flood Warning System

基于社区的山洪预警系统

CCR Coastal Community Resilience

沿海韧性社区

CDS CAFFG Dissemination Server

中美洲山洪预警系统预警信息发布的服务器

CLOPAD Local Committees for Prevention and Disaster Management (Columbia)

哥伦比亚地区预防和灾害管理委员会

CMORPH CPC Morphing Technique (NOAA)

CPC 变形技术（NOAA）

COMET Cooperative Program for Operational Meteorology, Education and Training
气象业务、教育和培训的合作项目

ConOps Concept of Operations
运营理念

CONUS The 48 Contiguous United States (i. e. , excluding Alaska and Hawaii)
不包括阿拉斯加和夏威夷在内的美国48个地区

CPC Climate Prediction Center (NOAA)
天气预报中心(NOAA)

CPS CAFFG Processing Server
中美洲山洪预警系统处理服务器

CREPAD Regional Committees for Prevention and Disaster Management (Columbia)
哥伦比亚大区预防和灾害管理委员会

CRS Community Rating System
社区打分系统

CTA Call to Action
鼓励采取行动

DBZ Decibels of equivalent reflectivity
等效回波强度

DCP Data Collection Platform
数据汇集平台

DCW Digital Chart of the World
世界数字地图

DEM Digital Elevation Model

数字高程模型

DFWO District Flood Warning Office
地区洪水预警办公室

DPAD National Office for Prevention and Disaster Management (Colombia)
国家预防和灾害管理办公室（哥伦比亚）

EMLPP Enhanced Multilevel Precedence and Pre-emption Services
增强型多级优先和抢先服务

EMRS Engineering and Maintenance Reporting System
工程维护报告系统

EMWIN Emergency Managers Weather Information Network
应急管理气象信息网

EOC Emergency Operations Center
应急指挥中心

ERSDA Earth Remote Sensing Data Analysis Center (NASA)
地球遥感数据分析中心

EUMETSAT European Organisation for the Exploitation of Meteorological Satellites
欧洲气象卫星应用组织

ET Evapo-Transpiration
蒸发蒸腾

EWS Early Warning System
预警系统

FAO Food and Agriculture Organization (United Nations)
联合国粮农组织

FCD Flood Control District
防洪区

FCDMC Flood Control District Maricopa County (Arizona, USA)
马里科帕县防洪区(亚利桑那州，美国)

FFFSS Flash Flood Forecast Subsystem
山洪预报子系统

FFG Flash Flood Guidance
山洪指导

FFMP Flash Flood Monitoring and Prediction
山洪监测和预报

FFPI Flash Flood Potential Index
山洪潜势指数

FHWA Federal Highway Administration (USA)
联邦公路管理局(美国)

GEO Group on Earth Observations
地球观测组

GEONETCast A Task in the GEO Work Plan led by EUMETSAT, the United States, China, and the World Meteorological Organization
由欧洲气象卫星应用组织、美国、中国、世界气象组织共同参与的一项地球观测计划任务。

GEOSS Global Earth Observation System of Systems

全球对地观测系统

GFAS Global Flood Alert System

全球洪水预警系统

GFFGS Global Flash Flood Guidance System

全球山洪指导系统

GFS Global Forecasting System

全球预报系统

GIS Geographic Information System

地理信息系统

GMSRA GOES Multi-spectral Rainfall Algorithm

GOES多光谱降雨算法

GOES Geostationary Operational Environmental Satellite

地球同步运行环境卫星

GPRS General Packet Radio System

通用数据包无线系统

GPS Global Positioning System

全球定位系统

GSFC Goddard Space Flight Center（NASA）

戈达德航天中心（NASA）

GSM General Switched Messaging

通用交换消息

GTS Global Telecommunications System（WMO）

全球电信系统（WMO）

GUH Geomorphic Unit Hydrograph

地貌单位线法

GUI Graphic User Interface
图形用户界面

HFA Hyogo Framework for Action 2005—2015
2005—2015年兵库行动框架

HPC Hydrometeorological Prediction Center
水文气象预报中心

HRAP Hydrologic Rainfall Analysis Project（US NWS）
水文降雨分析项目（美国气象局）

HRC Hydrologic Research Center
水文研究中心

HSA Hydrologic Service Area
水文服务区

HTML HyperText Markup Language
超文本标记语言

IDEAM Institute of Hydrology，Meteorology and Environmental Studies（Columbia）
水文、气象和环境研究所（哥伦比亚）

IDI Infrastructure Development Institute（Japan）
基础设施发展研究所（日本）

IFLOWS Integrated Flood Observing and Warning System
综合洪水观测预警系统

IFNet International Flood Network
国际洪水站网

IFRC International Federation of the Red Cross
国际红十字联合会

IMN Instituto Meteorológico Nacional（San Jose，

Costa Rica)
国家气象学会（圣何塞，哥斯达黎加）

ISDR International Strategy for Disaster Reduction (WMO)
国际减灾战略（WMO）

ISP Internet Service Provider
网络服务提供商

IT Information Technology
信息技术

IEEE Institute for Electrical and Electronics Engineers
电子工程研究所

JAROS Japanese Resource Observation System
日本资源观测系统

JAXA Japan Aerospace Exploration Agency
日本太空发展署

LAN Local Area Network
局域网

LFWS Local Flood Warning System
局地洪水预警系统

LGU Local Government Unit
地方政府

MAC-OSX Tenth major version of Apple's operating system for Macintosh computers
苹果操作系统的第十个主要版本 Macintosh 计算机

MAP Mean Areal Precipitation

平均降雨面积

MHEWS Multi-Hazard Early Warning System
多灾种预警系统

METI Ministry of Economy, Trade and Industry (Japan)
经济产业省（日本）

MLIT Ministry of Land Infrastructure, Transport and Tourism (Japan)
国土交通省（日本）

MOS Model Output Statistic
模型输出统计

MOU Memorandum of Understanding
谅解备忘录

MPA Multi-satellite Precipitation Analysis
多卫星降雨分析

MRCFFG Mekong River Commission Flash Flood Guidance
湄公河流域山洪指南

MSS Message Switching System
信息交换系统

MTC Meteorological Telecommunication Center
气象通讯中心

MTN Main Telecommunication Network
主要电信网

NASA National Aeronautics and Space Administration
美国宇航局

NBD National Basin Delineation

全国流域划分

NCEP National Center for Environmental Prediction

国家环境预报中心

NESDIS National Environmental Satellite Data and Information Service（NOAA）

国家环境卫星数据和信息服务中心（NOAA）

NGO Non－Government Organization

非政府组织

NMC National Meteorological Center

国家气象中心

NHS National Hydrologic Service

国家水文机构

NMHS National Meteorological and Hydrological Service

国家气象水文机构

NMS National Meteorological or Hydrometeorological Serv-ice

国家气象或水文气象服务

NMTN National Meteorological Telecommunication Net-works

国家气象电信网

NOAA National Oceanic and Atmospheric Administra-tion

国家海洋和大气管理局

NRC National Research Council

国家研究委员会

NRCS National Resources Conservation Service

国家资源保护服务

NRL	Naval Research Laboratory（USA） 海军研究实验室
NRL－Blended	Naval Research Laboratory Blended technique 海军研究实验室提出的一种估值推导的混合算法
NWP	Numerical Weather Prediction 数值天气预报
NWS	National Weather Service 国家气象局
OCHA	Office for the Coordination of Humanitarian Affairs（UN） 联合国人道事务协调办公室
OES	Office of Emergency Services 应急管理办公室
OFDA	Office of U. S. Foreign Disaster Assistance 美国对外灾害援助办公室
PAGASA	Philippine Atmospheric，Geophysical and Astronomical Services Administration 菲律宾大气、地球物理及天文服务管理局
PQPF	Probabilistic Quantitative Precipitation Forecast 定量降雨概率预报
PSTN	Public Switched Telephone Network 公用交换电话网
QPE	Quantitative Precipitation Estimate（from observations） 定量降雨估算（基于观测）

QPF　Quantitative Precipitation Forecast（from forecasting models/schemes）
定量降雨预报（基于预测模型/方案）

RANET　Radio and Internet for the Communication of Hydrometeorological and Climate – related Information
水文气象气候信息广播和互联网通信

RFC　River Forecast Center（NOAA）
河流预报中心

RMTN　Regional Meteorological Telecommunication Networks
区域气象通信网

RSS　Really Simple Syndication
简易信息聚合

RTH　Regional Telecommunication Hubs
区域通信枢纽

RVAT　Risk and Vulnerability Assessment Tool（NOAA）
风险和脆弱性评估工具（NOAA）

SCaMPR　Self – Calibrating Multivariate Precipitation Retrieval
自校正多元降雨反演

SHMU　Slovak Hydro – Meteorology Unit
斯洛伐克水文气象机构

SMS　Short Messaging Service
短信服务

SSRN Natural Risks Situation Room (Piedmont, Italy)
自然风险室（意大利皮埃蒙特）

STAR Center for Satellite Applications and Research (NOAA)
卫星应用和研究中心（NOAA）

SUH Snyder Unit Hydrograph
斯奈德经验综合单位线法

ThreshR Threshold Runoff
临界径流深

TMPA TRMM Multi-satellite Precipitation Analysis
热带降雨测量任务的多卫星降雨分析

TRMM Tropical Rainfall Measuring Mission
热带降雨监测任务

UHF Ultra High Frequency (between 300 MHz and 3 GHz)
超高频（300 MHz 至 3 GHz）

UN United Nations
联合国

UNDP United Nations Development Program
联合国开发计划署

UNESCO United Nations Educational, Scientific and Cultural Organization
联合国教科文组织

UPB Universidad Pontificia Bolivariana
玻利瓦尔天主教大学

UPS Uninterruptible Power Supply
不间断电源

USAID U. S. Agency for International Development
美国国际开发署

USD U. S. Dollars
美元

VHF Very High Frequency (30 MHz to 300 MHz)
非常高频（30～300 MHz）

WIS WMO Information System
世界气象组织信息系统

WMC World Meteorological Center
世界气象中心

WMO World Meteorological Organization
世界气象组织

WSR - 88D Weather Surveillance Radar - 1988 Doppler (NOAA)
多普勒监视气象雷达（1988 型号）

XML eXtensible Markup Language
可扩展标记语言

附录B

局地实时自动评估系统和洪水综合预警系统

B1 局地实时自动评估系统

B1.1 系统概述

20世纪70年代，加利福尼亚州内华达流域中心萨克拉门托开发了局地实时自动评估（ALERT）系统（美国商务部，1997年），系统由自动气象和水文监测站网、通信设备、计算机软件和硬件等组成。在ALERT系统中，雨水情监测传感器通常通过VHF/UHF无线电传输编码信号，通过一个或多个中继传输到平台（图B.1）。平台由无线电接收设备和运行ALERT系统软件的微处理器组成，平台收集由传感器发来的编码信号并将其处理成有意义的水文气象信息；处理的信息可以根据各种预设标准显

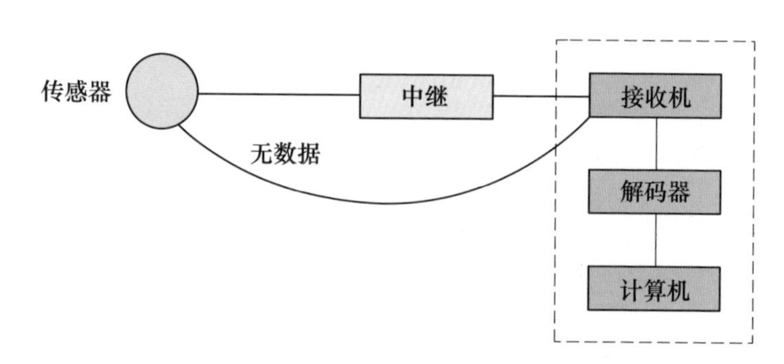

图B.1 ALERT系统数据传输流程图

示在计算机屏幕上，当达到这些标准时，产生声光报警信号。有的系统还具有自动通知个人或启动其他响应的功能。

ALERT 系统建立了单向的事件驱动的环境数据采集网络。每一个数据收集平台（DCP）程序发送一个显示环境变化的简短数据流（例如，接收 1mm 的降雨量或记录 1mm 的径流深度的变化）。最新的 ALERT 系统还可具有显示时间序列数据的能力。

因 ALERT 系统数据流单向传输，因而并不具备远程管理的功能。然而，根据最新的通信协议，可进行监测站点的远程登录服务，对无线电中继器进行远程操作。

监测站点一般每累积 1mm 雨量发送一次数据，采用每 4 字节 300 波特的频率发送，信息流包含传感器标识的 13 位（0～8191）数字和编码数据值的 11 位数字（0～2047）。

目前 ALERT 系统能够显示各种复杂环境信息，例如洪水、道路淹没、疏散路线、保障设施、医院和城市中心的范围等，此外，监测数据可以被输入到降雨径流模型中以产生洪水预测，系统可以包括通过中继器网络连接的多个平台，以将来自一组用户的未处理信息传递到另一组用户。然而，ALERT 系统基本上是单向数据收集系统，其被开发用于处理特定的局地问题，通常不具有联网能力。

ALERT 系统通常由地方资助建设。系统建设成本较低，安装一个新的雨水情监测站点仅花费几千美元。传感器和数据通信设施设备所使用的通信标准不高，但其传输的实时数据价值确非常有价值。在 ALERT 系统运行阶段，监测站网往往根据需求的增长而逐步扩容。

在美国有几个地区非常热衷采用 ALERT 系统。许多美国城市、县和一些州已经建立了 ALERT 系统，以解决城市化造成的洪水问题，保护处于高风险环境中的住宅和社区（高山峡谷出口处的城市）。由于该项技术相对简单和廉价，所以经常被偏远地区和发展中国家使用，主要分布在亚洲、澳大利亚和南美洲。

许多系统由一个或多个机构拥有或参与维护。一般而言，国家气象水文机构（NMHS）不拥有特定系统中的任何设备。在某些情况下，地方系统的赞助者向NMHS提供相关设备（无线电、计算机等），用于其开展预警预报，因为他们认识到国家气象水文机构预报预警带来的重大效益。

B1.2 系统的优缺点

ALERT系统是最简单的遥测系统（通过有线、无线或其他方式从远程源自动测量和传输数据）之一。它的优势如下：

（1）系统使用单向数据传输，因此不需要在每个监测站点布设数据接收器和相关供电设施，这降低了初始建设成本，减少了太阳能电池板的需求，简化了维护保养工作。

（2）数据传输直接，因为在数据源和其目的地之间没有“信号交换”（密码、认证等）。

（3）由于每个数据采集平台只需要接收，在ALERT系统站网中可以有无限数量的独立接收平台。

（4）新的监测站点可以很容易地添加到现有站网。

（5）由于数据传输是事件触发的，局地实时自动评估系统确保了时效性。它们提供增量即时传输，避免了无状态变化的消息占用通信信道。

它的劣势如下：

ALERT系统源自其事件驱动的特征，也存在一些局限性，如两个数据接收平台可能偶然采用相同的无线通信信道，导致两个信息重复传输。这可能导致一个或两个数据丢包。对于雨量监测，这种数据丢失是可以容忍的，因为每次传输对累加器值进行编码，并且平台将该值与上次接收的值进行比较，所以漏报通常不会影响降雨总量，但会丢失有关降雨分布的信息。因此，应合理确定 ALERT 系统监测站点的采样频率和报送间隔，必要时加密报送，以确保在达到临界值之前发送多个数据消息。

总体而言，面向恶劣的气象和山洪实时监测业务，ALERT 系统的成本和效率的优势远远超过其局限性。

B1.3 无线电频谱

在美国，ALERT 系统一直占用收集水文数据的联邦控制频率（169～171MHz）。直到最近，大多数 ALERT 系统占用 25kHz 频点，但是自 2005 年起，所有 ALERT 系统信道又开始使用 12.5kHz 频点。

ALERT 系统联盟正在开发下一代传输技术，其具有更高的数据速率、较低的误码率，能够传输完整的主信息和附加信息。新协议应包括双向通信的选项，从而实现监测站点的远程操作、轮询和控制。新协议将同时支持使用先前的协议，从而允许现有系统进行逐渐更新换代。

B1.4 系统软件

ALERT 系统平台软件的功能包括：接收和处理来自监测站点的数据，允许平台用户查询来自站点的当前和历史数据，为使用额外的建模和分析工具提供基础，检测站点信息并自动报警。最常用的应用程序在 Microsoft Windows（如 OneRain Incorporated 或 DataWise 的 STORM Watch）或 QNX（如 NovaStar 或 Hydromet）

操作系统上运行。

随着局域网和广域网的使用增加，这些平台软件都已经发展到可以在实时的基础上传播和处理数据。今天，世界上任何地方授权的 STORM Watch 用户都可以将互联网的数据移植到本地数据库中、处理警报、触发自动预警、运行水文预测模型，而所有操作几乎接近实时。

B2　综合洪水观测和预警系统

美国国家气象局（NWS）具有协助州和地方紧急事务管理部门检测和管理山洪事件的职责，建立了综合洪水观测和预警系统（IFLOWS），它利用实时气象传感器（主要是雨量计）网络接收和传输数据，覆盖美国东部部分地区。现在看，该系统已过时了，但仍可以作为成功的方法示例。

IFLOWS 研发于 20 世纪 70 年代末，旨在帮助阿巴拉契亚州的洪水泛滥社区开发自动洪水预报系统。IFLOWS 建立了联邦、州和地方政府机构之间成本分担的合作伙伴关系。目前 IFLOWS 网络收集的数据来自于美国东北部的 200 个郡中的 1000 多个监测站点（网页为 http//www. afws. net）；IFLOWS 可被视为具有增强的双向通信能力（语音、数据和文本）的局地实时自动评估类型系统的广域版本。如果需要，IFLOWS 还可设置成为基于本地社区的独立系统。而局地实时自动化评估系统往往定位于服务地方政府的独立系统。

IFLOWS 软件对若干个 ALERT 系统进行轮询。除了执行实时数据采集和处理外，IFLOWS 软件还处理计算机间的传输信息。IFLOWS 计算机收集和处理远程站点信息，作为数据集中器，允许更多的信息在固定的时间段内通过给定的通信信道，并提供通信网络的端口。在网络故障的情况下，IFLOWS 计算机可以作为独立的 ALERT 系统平台。

IFLOWS 软件使用专用通信端口，使用分组数据格式与 IFLOWS 网络中的其他节点交换数据和文本信息。每个网络指定一个轮询站点引导骨干网上的流量，将数据路由到正确的目的地，并防止轮询站之间的数据包冲突。当前 IFLOWS 主干通信电路使用 VHF / UHF 无线电、微波、电话线、卫星和互联网在计算机之间传送数据。这种配置使得数据接收终端能够单独运行，同时使得该节点还能够与网络中的其他节点共享数据。IFLOWS 软件还能够显示站点数据、设置报警阈值和与其他网络用户交换文本消息。

如图 B.2 所示，IFLOWS 网络分为一系列子网络，每个子网络包含一个控制节点计算机和多个远程节点。一些节点充当枢纽（即它们属于两个网络并在它们之间传递数据）。控制节点在连续的循环的基础上轮询网络，请求它们发送新数据或重新发送数据。当控制节点从远程处理器接收新数据后，将数据重新传到所有远程处理器。

IFLOWS 和 ALERT 系统采用的监测站网技术基本相同。IFLOWS 软件目前仅适用于雨量站和河流流量站，而 ALERT 系统可以处理其他几类站点。IFLOWS 网络具有骨干通信基础设施，现有系统一般采用租用的电话线、卫星、VHF / UHF 无线电和微波通信等。

IFLOWS 本质上集成了系统管理和操作功能，个别系统通常在州一级联网，国家级系统通常设在国家气象局。

有关 IFLOWS 软件及其接口的文档，请参见 http：//

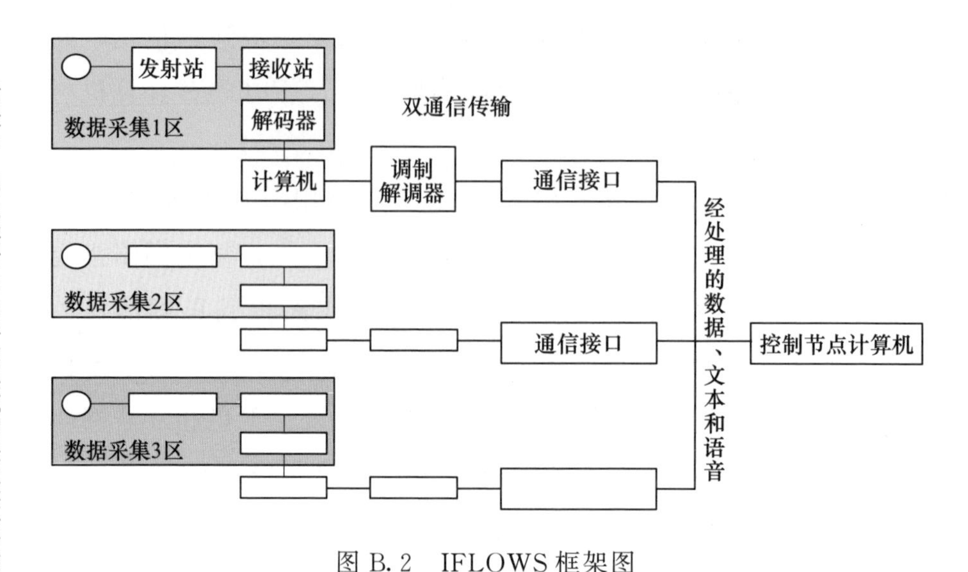

图 B.2 IFLOWS 框架图

www. afws. net/ldadsupport. htm

参考文献

[1] GAYL I E. A New Real - time Weather Monitoring and Flood Warning Approach [D] . Colorado: University of Colorado, Boulder, 1999.

[2] U. S. Department of Commerce, National Oceanic and Atmospheric Administration, National Weather Service, et al. Basic hydrology - an introduction to hydrologic modeling. Lesson 6 in Operations of the NWS Hydrologic Services Program [M/OL] . Washington, D. C. : Government Printing Office, 1997. ftp: //diad. com/GaylThesis. pdf/.

[3] U. S. Department of Commerce, National Oceanic and Atmospheric Administration, National Weather Service, et al. Automated Local Flood Warning Systems Handbook, Weather Service Hydrology Handbook No. 2 [M] . Washington, D. C. : Government Printing Office, 1997.

附录C

山洪潜势指数

C1 山洪潜势指数确定方法

在美国西部，受局地强降雨影响，山洪经常发生在非常小的流域中。一些区域地形地貌变化剧烈，山洪易发频发，但却与前期降雨关系不大。

在西部干旱区，由于分布式水文模型局限性（见第5章），再加上地理特征变化剧烈的区域不适宜使用山洪指导（FFG）的原因，难以准确确定每个流域的山洪预警指标。在这些区域FFG值往往太高，可能是临界径流深*R*值有问题，而错误的洪水频率假设、不准确的单位线或分辨率差的数字高程模型（DEM）数据都可能导致上述问题出现。

FFG方法考虑了暴雨特征（强度、总量、位置）和径流属性（汇流路径、洪量、历时），但并未完全考虑地理参数的影响。目前，雷达技术在西部被用作获取洪水信息的主要来源之一。山洪监测和预报（FFMP）程序输入基于雷达的降雨预报，并将这些预报用到小流域山洪预警。每个流域被标识不同颜色编码以显示降雨预报和山洪潜势。但这个分析过程的最大的未知是这些彩色编码小流域的特性。差异化的下垫面的属性特征决定了相同降雨强度可能引发不同量级的山洪。FFMP程序内置的小流域是否有大量的不透水表面？是没有植被的还是覆盖着茂密的森林？地形陡峭还是平坦？是否有野火改变了流域的水文特征？回答这些问题对于山洪预警过程中至关重要。

为此，美国国家气象局西部分局开发了山洪潜势指数（FFPI）方法，提供了下垫面变化剧烈地区确定山洪威胁程度的一种解决方案。FFPI 方法关注 3 个问题：

（1）导致一个区域易受洪水威胁的地理参数能被识别出来吗？

（2）什么因素的变化导致了一个地区易受或不易受洪水威胁？

（3）一个区域相对于其他区域易受山洪灾害的威胁，仅仅跟这些地理因素有关吗？

正如史密斯（2003 年）所指出的那样，任何流域都存在影响山洪发生的地理因素。土壤质地结构与保水性、渗透性关系密切。坡度和流域地理特征决定了流速和径流的集中度等；植被类型决定了降雨的入渗程度。土地利用方式，特别是城市化，在入渗、产流、汇流中发挥了重要的作用。这些静态特性加在一起，决定了流域的水文响应和内在的山洪潜势。然而，随着下垫面某些特征改变，山洪潜势也可能动态变化。例如，落叶林中植被或季节变化可能降低或增加相关类似降雨事件的水文响应。森林火灾时的林木燃烧可能产生渗透性差的土壤层，可能导致山洪潜势的剧烈增加。

通过地理信息系统方法，综合与水文响应有关的 4 种因素（均插值成为 400m×400m 的网格）并归一化处理，得到静态 FFPI：

（1）坡度网格（反映地形坡度）。

（2）土地利用网格（反映土壤的渗透性变化）。

（3）土壤网格（反映黏土、砂占比）。

（4）植被密度网格。

其中，坡度网格来自美国地质调查局（USGS）的DEM数据集。岩石和土壤网格来自国家资源保护服务（NRCS）国家土壤地理数据库（STATSGO），而植被密度网格来自美国海洋和大气管理局（NOAA）超高分辨率辐射计（AVHRR）数据集。对于每层地理数据集进行重新划分和插值，确保实现统一的分辨率。对每个数据层首先给予相等的权重，并且分配了无量纲的山洪指数（数值为1～10）。FFPI计算公式如下：

$$FFPI=\frac{M+L+S+V}{N}$$

式中：M为反映坡度的指数；L为反映土地利用的指数；S为反映土壤类型的指数；V为反映植被密度的指数；N为4个指数的权重总和，由于坡度M对山洪产生有着显著影响，该指数的权重大于其他层，可取1.5或2，则N大于4。

C2 利用山洪潜势指数修正山洪指导值

可利用山洪潜势指数（FFPI）修正山洪指导（FFG）值，使FFG值能够反映地形坡度、土地利用、土壤类型和植被密度等参数，以更好的应用于山洪预警。如图C.1所示，如果一个区域内所有网格FFPI的均值为4，整个区域的FFG为1in/h（25.4mm/h），那么FFPI大于4的网格的FFG值进行线性递减，FFPI小于4的网格FFG值进行相应线性递增。

山洪监测和预报（FFMP）系统利用多普勒监视气象雷达（1988型号）（WSR－88D）以高分辨率（1度，1km极坐标分辨

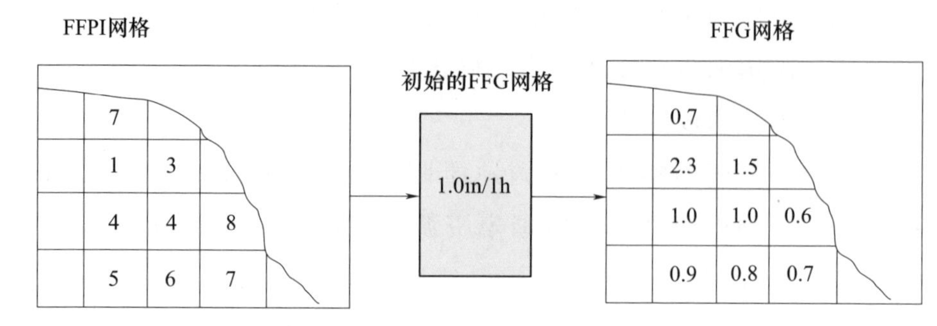

图 C.1 利用 FFPI 调整修正预警指标示例

率）和高分辨率降雨预报工具（HPE）实现 1km×1km 网格分辨率的降雨监测和预报。然后将该网格降雨量转换为流域面平均降水量（ABR）。有了山洪潜势指数 FFPI 之后，就可以通过流域的山洪潜势的信息进一步修正 FFG 值，为山洪监测和预报系统更好的服务。

参考文献

[1] GREG S. Unpublished presentation at Severe Weather/Flash Flood Warning Decision Making workshop [J]. COMET Sep, 2002.

[2] GREG S. Flash Flood Potential: Determining the Hydrologic Response of FFMP Basins to Heavy Rain by Analyzing Their Physiographic Characteristics [EB/OL]. http://www.cbrfc.noaa.gov/papers/ffp_wpap.pdf.

附录 D

山洪预警产品

以下山洪预警产品（水文趋势预报、山洪警戒，山洪警报和山洪状态通报）都已在美国被成功应用并验证有效，本书给出了这四类预警产品的格式和内容，供有关国家气象水文机构参考，但这些气象水文机构还需要考虑本国文化基础条件和特点特色做出适当调整，确保达到有效预警的目标。

D1 水文趋势预报

如果气象条件预报显示，有可能发生较明显的强降于或融雪事件引发洪水或加剧现有的洪水的情况，则发布水文趋势预报产品（Hydrologic Outlook Products），通常在事件发生前 36～72h 内发布。

产品目标：通过水文趋势预报产品，对于一些水文事件提供较长的预见期，从而使受众获取较长的防灾备灾的时间，有助于确保生命财产安全。

发布条件：当满足下列条件之一时，为国家气象水文机构（NMHS）的水文服务区（HSA）提供一个洪水事件发生可能性的水文趋势预报：

（1）未来 24h 或更长时间可能发生山洪，但 12h 内发生的可能性很小。

(2) 之前发布的水文趋势预报指出了洪水发生的可能性，但事实上没有发生。这种情况下，新的水文趋势预报产品将指出不存在发生洪水的可能性。

发布时间：水文趋势预报是根据洪水发生的可能性发布的，属于事件驱动型产品。

有效期：水文趋势预报到指定的日期或被另一个水文趋势预报产品替代前，一直都保持有效的状态。

失效时间：水文趋势预报的失效时间随产品的有效期而变化。对于描述山洪发生可能性的水文趋势预报，一般会在发布后12～24h失效，但也可能在几天后失效。

内容：水文趋势预报产品的文本的格式并没有严格要求，它们是针对目标受众量身定制的非细分式预报产品。建议以下内容包含在描述山洪事件发生可能性的水文趋势预报产品中：

(1) 标题应明确洪水类型（如山洪、河流洪水、融雪洪水）。

(2) 覆盖区域。

(3) 洪水事件可能发生的时间。

(4) 相关因素（如天气条件、定量降水预报或土壤湿度条件）。

(5) 产品失效的条件。

示例——水文趋势预报

1999年12月10日下午3时35分　星期五

另一个袭击奥沙克（OZARKS）的暴雨可能会在下周初导致山洪发生。

在过去的几周里，奥沙克（OZARKS）地区一直在下雨，密苏里州的西南大部分地区降雨量高于正常水平。截至12月10号，普林菲尔德（Springfield）累积降雨量达6.84in（173.7mm），奥沙克（OZARKS）已经超过8in（203.2mm）。而12月份普林菲尔德（Springfield）的正常降雨量为3.16in（80.3mm）。

从星期一和星期二开始，奥沙克（OZARKS）将再次经历暴雨。目前的天气模式显示，阿肯色州北部和密苏里州南部的云团移动轨迹与最近发生强降雨的云团轨迹相同。这意味着大量的海湾地区将被卷入风暴中，并在密苏里州南部的大部分地区降雨1～2in（25.4～50.8mm）。

由于近期降雨导致地面饱和，可能会发生洪水，小溪沟可出现溢满的现象。在下周二之前，分布在密苏里州南部河流，水位可能会上升至接近或高于洪水位。

在周末，我们可能会更新灾害性天气预报。您可通过我们的网页了解密苏里州南部当前气象信息（www.crh.noaa.gov/sgf）。

D2 山洪警戒产品

山洪警戒产品（Flash Flood Watch Products）一般在山洪事件发生前的6～48h向政府机构、公众等告知山洪发生的可能性。相比水文趋势预报，山洪警戒产品则更具指导性和针对性。与此同时，山洪警戒基于降雨模式（定量降水预报）和前期土壤湿度条件（两者在时间和空间上都具有不确定性），与山洪警报产品，相比发布的次数更多。山洪警戒产品的覆盖范围可能是行政区域，也可能是流域，或其他任意区域（如指定的山谷）。

产品目标：通过提供山洪警戒产品，使得受众可以加密监测水文气象信息，并将防洪等级提升至准备状态。

发布条件：当满足以下一个或多个条件时，应发出山洪警戒产品：

（1）基于气象、土壤湿度和水文条件等，确定未来48h内发生山洪的概率为50%～80%。

（2）基于气象、土壤湿度和水文条件等，确定未来48h之外发生山洪的概率为50%～80%，但预报员认为山洪警戒是表达这种可能性的最佳方式。

（3）基于气象、土壤湿度和水文条件等（含火灾过后的地区），确定在48h内泥石流发生的概率为50%～80%。

（4）堤坝可能溃决并威胁生命财产安全，但这种威胁被视为不会立即发生。

（5）之前发布的山洪警戒产品有效期发生了变化。

（6）之前发布的山洪警戒产品覆盖的区域面积增加。

（7）之前发布的山洪警戒产品需要更新。

（8）之前发布的山洪警戒产品需要部分或全部取消。

（9）宣布之前发布的洪水警戒产品失效日期。当山洪威胁结束时，应明确山洪警戒产品取消或公布失效日期，而不是让预警产品自行失效。

发布时间：山洪警戒产品是根据山洪发生的可能性发布的，属于事件驱动型产品。

有效期：从潜在的山洪发生开始，直到潜在的山洪结束为止，山洪警戒产品处于有效期。

失效时间：通常为发布后6～8h，但对于具有较长预见期的情况，发布后12～24h后产品失效。当宣布山洪警戒产品失效或取消时，信息失效期不应超过山洪监视到期或取消时间后的半小时。

山洪警报取代山洪警戒：当决定用山洪警报产品取代山洪警

戒时，应首先发布山洪警报，之后在再取消山洪警戒；以确保警戒和警报之间不会出现空档。需要注意的是，如果仅对某一个监测点发出山洪警报，则区域性山洪警戒信息仍继续生效。

内容：山洪警戒产品采用段落格式，并结合一些简写符号。在警戒产品的开头一般提供一个产品概要。

（1）概要：此部分不是必须的，如果产品中提供概要，则建议包含以下至少一项内容：

1）标题：以标题的形式突出显示山洪的威胁、受影响的区域以及发生和持续的时间。

2）概述：对发展中的潜在山洪威胁进行简要的非技术性描述，包括相关水文气象因素等。概述的格式相对自由，可能由几个段落组成。

3）警戒信息：以分段落的形式具体描述警戒信息。

提示

山洪警戒产品的发布种类如下：

（1）取消：Cancelations（CAN）。

（2）终止：Expirations（EXP）。

（3）新发布：New issuances（NEW）。

（4）扩展：Extensions in time（EXT）。

（5）延续：Continuations（CON）。

（2）行动指南：如“位于〈位置〉的国家气象水文局〈新发布〉〈扩展〉〈延续〉山洪警戒产品”，接下来阐述3～4个段落，具体如下：

第1段：山洪警戒产品涉及的行政区域。

第2段：山洪事件的起始和终止时间。

第3段：监测信息（如气象条件、土壤条件、河流条件或定量降雨预报）。

第4段（可选）：对山洪威胁区域的潜在影响，可将流域或某地点的具体信息在这一段集中阐述。

（3）山洪警戒产品的含义：指出在观测区域，山洪警戒意味着山洪可能发生，但不一定立即发生。

（4）鼓励采取行动（CTA）：聚焦于如何正确避险，但不包括涉水车辆避险指导。

示例——山洪警戒

背景：一场暴雨正在进入加利福尼亚南部。由于难以预测导致山洪发生的暴雨位置和出现时间，因此，预报员面向郡内的大部分区域发出了今晚和明天的山洪警戒产品信息。

紧急：

2003年2月11日下午7时45分，国家气象局圣地亚哥分局发布山洪警戒信息。

至星期四早晨为止，在加利福尼亚州南部有关区域可能发生山洪。

预警区域：ORANGE COUNTY COASTAL AREAS... SAN DIEGO COUNTY COASTAL AREAS... SAN BERNARDINO AND RIVERSIDE COUNTY VALLEYS... THE INLAND EMPIRE... SAN DIEGO COUNTY VALLEYS... SAN BERNARDINO COUNTY MOUNTAINS... RIVERSIDE COUNTY MOUNTAINS... SANTA ANY MOUNTAINS AND FOOTHILLS... SAN DIEGO COUNTY MOUNTAINS... COACHELLA VALLEY AND SAN DIEGO COUNTY DESERTS。

山洪警戒将持续至周四早晨。

今晚和周三，圣地亚哥西南部的暴雨将继续向加利福尼亚州南部移动。随着暴雨的移动，东北部地区的降雨量将增加。每小时0.5in（12.7mm）以上的降雨量会导致街道洪水漫溢，发生溪河洪水。

山洪警戒意味着在观测区域山洪可能发生，但不一定立即发生。

暴雨将增加泥石流和洪水威胁。位于这些地区的居民应该做好防洪准备工作，并做好在发生暴雨时转移到高地的准备。敬请关注NOAA气象广播，以及商业媒体或有线电视发布的预警信息。

注：（1）预报员希望立即发布山洪警戒，因为风暴系统已经在岸上移动，所以预报的潜在山洪事件开始时间与产品发布时间相同（2003年2月11日下午7：45 星期二）。

（2）请注意，因南加利福尼亚山区地形复杂，故在预警发布时，采用如“SAN BERNARDINO COUNTY MOUNTAINS”的名称凸显山区的特点，引起注意。

D3 山洪警报产品

当山洪已发生、即将发生时，应发布山洪警报产品（Flash Flood Warning Products），使受众立即采取保护生命和财产的措施。山洪警报产品的涉及区域可以是一个或多个行政区，也可以是流域，或任何其他类型的区域（例如特定河谷）的全部或一部分。

产品目标：通过发布山洪警报，促使受众立即采取应对措施，例如转移至更高的地方，从而实现生命和财产保全。

发布条件：在下列情况下应该发出山洪警报：

（1）山洪发生。

（2）堤坝正在或即将溃决。

（3）自然原因造成的河流阻塞（包括碎屑流、雪崩或冰堵）即将发生或正在发生。

（4）通过雷达、雨量站、卫星等监测到引发山洪的降雨发生。

（5）如通过雷达、雨量站、卫星或其他方法监测导致引发泥石流的降雨发生，特别是在（但不仅限于）火灾过后的地区。

（6）本地的山洪监测和预报工具检测到山洪可能发生。

（7）利用水文模型检测到山洪沟发生山洪。

（8）即将发生或发生的山洪如果当前未处于有效的预警区域中，应扩大现有预警范围。

（9）因冰塞导致河流水位快速上升，预计超过洪水水位线。

发布时间：山洪警报产品是根据山洪发生的可能性发布的，属于事件驱动型产品。

有效期：山洪警报产品从发布时（要求立即采取措施保护生命和财产），直至山洪结束或山洪警报产品被取消时，山洪警报将有效。确定山洪警报产品有效期时，山洪的结束时间（而不是强降雨的结束时间）应为决定因素。

失效时间：产品终止时间与警报产品有效期相同。

内容：位于〈位置〉的国家气象水文局〈新发布〉〈扩展〉〈延续〉山洪警报产品，接下来阐述3～4个段落，由星号（*）或其他常用的指示符分隔，具体如下：

*第1段：山洪警报产品涉及的区域。

*第2段：山洪警报产品的终止时间。

*第3段：山洪警报产品的发布时间，对山洪威胁区域的预期影响。

* 第 4 段（可选）：预测受影响的地点（城市、街道、公路桩号、社区），流域或特定地点的信息可能被整合到本段中。

CTA：如果在山洪警报产品涉及的区域内某一特定位置开展水文观测或预报，则首先按照上述方法发布山洪警报产品，然后针对某一特定位置发布山洪状态通报（采用本章稍后提供的山洪状态通报的格式）。

示例——山洪警报产品

背景：雷达显示，纽约长岛中部的暴雨正在向西北方向移动。通过山洪监测和预报系统（FFMP），预报员注意到萨福克郡（Suffolk）西南部小河流可能发生山洪，并决定在下午 12 点 55 分发出山洪警报产品。此产品是最常见的类型，即一个地区而不是特定的河流的山洪警报产品。

美国东部时间 2000 年 8 月 14 日星期一下午 12：55，位于 UPTON 的国家气象局预报办公室发布山洪警报信息。

* 山洪警报，在纽约州东南部萨福克郡（Suffolk）西南部。

* 警报持续至下午 4：00。

* 在下午 12：54，国家天气服务中心的多普勒雷达显示暴雨向西北方向移动。降雨强度将达到每小时 2～3in（50.8～76.2mm），引发低洼地区和河谷的山洪。降雨将在下午 2：00 点结束，洪水消退将会耗费两小时或两小时多的时间。

* 请不要将车辆驶入积水区域，立即行驶到高地。

请向最近的应急管理机构报告天气情况。他们会将您的报告转发给位于 UPTON 的国家气象局预报办公室。

注：（1）在山洪预警中，事件开始时间始终与产品发布时间相同，即美国东部时间 2000 年 8 月 14 日星期一下午 12：55。

（2）即使预报下午 2 点降雨结束，但仍有两个小时的洪水消退时间。因此，警报产品终止的时间为下午 4：00。

D4 山洪状态通报

山洪状态通报（Flash Flood Statements）提供有关山洪警报产品的补充信息，例如更新后的监测值和预计影响的信息。

产品目标：通过山洪状态通报，提供短历时山洪事件的最新信息，为相关人员人员避险和财产保全提供帮助。

发布原则：如果根据可靠的消息来源，在所有预警区域内的山洪事件已经结束，而且山洪警报仍在持续，则应该发出一个山洪状态通报取消山洪警报，而不是让警报自行失效。如果收到描述山洪细节的可靠报告，那么也应该发布一个山洪状态通报，描述这些细节，增加当前预警信息的可信度。

发布条件：面向预警区域发布山洪状态通报，需满足以下2个条件之一：

（1）宣布取消或终止山洪警报。

（2）为持续的山洪警报提供补充信息。

发布时间：山洪状态通报是非计划的，属于事件驱动型产品，根据上述发布条件必要时发布。

有效期：在山洪状态通报中涉及的山洪警报将持续有效，直到它终止或被取消为止。

失效时间：对于提供有关（但不是取消）山洪警报补充信息的山洪状态通报产品，信息失效时间应与发布的山洪警报失效时间相同。对于公布山洪警报终止或取消的山洪状态通报，警报失效时间不超过警报终止或取消时间后的10min。

内容：山洪状态通报应采用分段格式，应包括以下内容：

（1）注明山洪警报是否继续有效或已被取消或终止。随后是山洪警报所涉及的区域。特殊情况下，山洪即将造成或正在造成的灾难性危害时，对人类生命产生严重威胁时，预报员应该插入语句："…… [地理区域] 出现紧急山洪……"。只有当可靠的信息来源和明确的证据表明因迅速淹没洪水而威胁生命的情况时，才应使用这些语句。

（2）更新当前（未来）的水文气象条件和影响。

（3）CTA：聚焦于如何正确避险，但不包括涉车车辆避险指导。

示例1——信息更新的山洪状态通报

背景：在萨福克郡（Suffolk）发出山洪警报35min后，预报员发出了一份山洪状态通报，以提供有关该事件的最新信息。

2000年8月14日下午13点 周一，国家气象局纽约分局发布山洪状态通报。

纽约州东南部萨福克郡（Suffolk）西南部的山洪警报仍然有效，将持续到下午4点。

在下午13点，气象多普勒雷达显示，从布伦特伍德（BRENTWOOD）西部到鹿园（DEER PARK）和北部到495号州际公路的局部地区发生强降雨。强降雨正向北移动到霍廷顿车站（HUNTINGTON STATION）和洛德点（LLOYD POINT）。雷达显示强降雨已达2in（50.8mm）。该地区的应急管理人员说，几条道路已被水淹没，暂时无法通行。

请不要将车辆驶入积水区域，立即行驶到高地。

请向最近的应急管理机构报告天气情况。他们会将您的报告转发给位于阿伯顿（UPTON）的国家气象局预报办公室。

示例2——山洪警报取消的状态通报

背景：在山洪警报信息终止前的半小时，预报员发布一个山洪状态通报来取消山洪警报并汇总山洪事件的影响。

2000年8月14日周一下午3点半，国家气象局纽约分局发布山洪状态通报。

纽约州西南部萨福克郡（Suffolk）的山洪警报已被取消。

多普勒监视气象雷达显示，强对流天气已经移出该地区并进入长岛。预警区域发生的强降雨不超过1h。最严重的洪水发生在布伦特伍德（BRENTWOOD）乡村俱乐部附近的杰斐逊大道，几座房屋被洪水淹没，桥梁受损。在鹿园（DEER PARK）和霍廷顿车站（HUNTINGTON STATION）的道路上还有积水，但山洪已经消退，不再存在洪水威胁。

在低洼地区驾驶时请保持谨慎，看到任何被淹没的道路，请向最近的应急管理机构报告。他们会将您的报告转发给位于阿伯顿（UPTON）的国家气象局预报办公室。

附录 E

山洪指导技术方法简介*

山洪指导（FFG）指在一定初始土壤条件下，某时段内在流域出口产生平滩洪水的雨量，可被直译为山洪指南，也可被称为山洪预警指标。目前，经过 40 多年的研究和发展，山洪指南确定方法先后经历了集总式 FFG（LFFG）、网格化 FFG（GFFG）、分布式 FFG（DFFG），其中，LFFG 是 FFG 第一个产品，适用面积为 300～5000km^2 的流域；GFFG 和 DFFG 两者很接近，都是分布式，主要区别在于 GFFG 使用分布式水文模型模拟土壤含水量，利用土壤含水量和平滩流量来推求临界雨量。DFFG 利用前期降水指标 API（Antecedent Precipitation Index）模型做类似推求。

在很多水文模拟中，降雨是模型输入，径流是模型输出，但 FFG 的计算却相反，当前状态和径流是模型输入，降雨是输出，即，FFG 的计算是降雨-径流模型正常计算径流的反运算，是根据流域出口断面临界流量反算一定历时所需的降雨量。

在 FFG 方法中，考虑降雨径流过程中的所有损失，主要通过降雨-径流模型由临界径流深推算出 FFG。临界径流深（ThreshR）是根据流域初始条件确定，等于漫滩水位对应流量

---

* 原著没有此部分内容，为使读者深入了解 FFG 确定过程，译者综合其他资料提供了本部分内容。

（洪峰流量）与特定历时单位线洪峰的比值，其中，漫滩水位一般由野外测量获得，通过水位-流量关系转化成对应的洪峰流量。临界径流深单位线峰值可基于流域的物理特征和经验值确定，然后利用降雨-径流模型计算产生某临界径流深的降雨量，即FFG。土壤含水量通过影响径流而使FFG实时变化。因此，确定FFG时，需要规定时段的临界径流深和土壤含水量两个关键信息。

E1 FFG计算

FFG是径流深R的函数，表示如下：

$$FFG=f(R) \tag{E.1}$$

式中：FFG为山洪指南；R为径流深；f为函数关系。

一般情况下，函数关系表示为

$$FFG=R_c \tag{E.2}$$

式中：R_c为临界径流深。

E2 临界径流深计算

临界径流深（R_c）指降雨历时为t_r、在流域面积A的流域内、在流域出口形成平滩流量Q_f的有效雨量。计算小流域出口的临界径流深主要是分析降雨情况和土壤含水量情况，假定时段为t_d的山洪预警指标（FFG）能形成临界流深R_c的实际降雨量。其中，降雨-径流模型常利用萨克拉门托模型（Sacramento Model，SAC）或者API模型。

E2.1 萨克拉门托模型

萨克拉门托模型（SAC）由美国萨克拉门托河流预报中心提

出，于1973年开始使用。模型是在斯坦福（Standford IV号）模型的基础上发展的。该模型是集总式连续运算的确定性流域水文模型，是以土壤含水量贮存、渗透、排水和蒸散发特性为基础来模拟水文循环的综合的流域模型，主要由降雨、融雪、蒸散发、入渗、河网总入流及其河网汇流6个部分组成，其中，土壤含水量计算模型是该系统的中心组件。

一般来说，SAC在每个时间步 t_i 都运行。在每一步都计算得到洪水信息（含流量信息）和流域土壤含水量状态，并作为下一步计算的初始条件，然后将所得到的径流深 R 与规定时段 t_d 内所需的降雨量绘制成图；对已知临界径流深 R_c 的情形，采用该图插值得到FFG。假设流域径流深与净雨量呈线性关系，临界径流深 R_c 可以按下式计算：

$$R_c = \frac{Q_p}{q_p A} \tag{E.3}$$

式中：Q_p 为洪峰流量，m^3/s；q_p 为降雨历时 t_r 的单位线洪峰流量，m^3/s；A 为流域面积，km^2。

E2.2 API模型

API模型是以流域降雨产流的物理机理为基础，以主要影响因素作参变量，建立降雨量与产流量之间定量的相关关系。主要由降雨径流相关图和单位线构成，属于多输入、单输出静态的系统数学模型，主要用于单场降雨引发洪水的预报。降雨径流相关图以前期影响雨量 P_a 为中间变量，流域多次实测降雨量 P（扣除蒸发）、径流深 R 构建的 $P-P_a-R$ 相关关系。公式如下：

$$R = f(P, P_a) \tag{E.4}$$

参数 P_a 一般用经验公式计算：

$$P_{a,t} = kP_{t-1} + k^2 P_{t-2} + \cdots + k^n P_{t-n} \tag{E.5}$$

式中：$P_{a,t}$为t日上午8点的前期影响雨量；n为影响本次径流的前期降雨天数，常取15d左右；k为常系数，一般可取0.85左右。

为便于计算将式（E.6）常表达为递推形式：

$$P_{a,t+1}=kP_t+k^2P_{t-1}+\cdots+k^nP_{t-n}=kP_t+k(kP_{t-1}+k^2P_{t-2}+\cdots)$$

$$=kP_t+kP_{a,t}=k(P_t+P_{a,t}) \tag{E.6}$$

对于无雨日，

$$P_{a,t+1}=kP_{a,t} \tag{E.7}$$

三变量相关图的制作简单，即按变量值（P_t，R_t）的相关点绘于坐标图上，并标明各点的参变量P_a值，然后根据参变量的分布规律以及降雨产流的基本原理，绘制P_a的等值线簇。

E3 临界流量和单位线峰值计算

E3.1 临界流量计算

利用两种方法处理，一是假定平滩流量作为洪峰流量，二是假定某种重现期的流量作为洪峰流量：

（1）假定平滩流量作为洪峰流量。

假定平滩流量作为洪峰流量，平滩流量Q_p可以按如下公式计算（Chow等，1988年）：

$$Q_p=\frac{B_pD_p^{\frac{5}{3}}S_0^{\frac{1}{2}}}{n} \tag{E.8}$$

式中：B_p为河水平滩时的最大河宽；D_p为河水平滩时的水深；S_0为河床比降；n为糙率系数。然而，引发灾害的流量一般大于平滩流量。

（2）用某种重现期的流量作为洪峰流量。

用某种重现期的流量作为洪峰流量。统计数据表明，重现期为1～2年的流量与平滩流量的关系较好。Rodiguez - Iturbe 等人提出了用瞬时地貌单位线（GIUH）计算 Q_p 的方法，按下式计算：

$$Q_p = \frac{2.42iAt_r}{\prod^{0.4} \frac{1-0.218t_r}{\prod^{0.4}}} \tag{E.9}$$

其中，

$$\prod = \frac{L^{2.5}}{iAR_L \alpha^{1.5}} \tag{E.10}$$

$$\alpha = \frac{S_0^{\frac{1}{2}}}{nB_p^{\frac{2}{3}}} \tag{E.11}$$

式中：A 为流域集雨面积；L 为河长；i 为净雨强度；R_L 为霍顿河长比率。

式（E.9）可以变形为

$$Q_p = \frac{2.42R_sA}{\prod^{0.4} \frac{1-0.218t_r}{\prod^{0.4}}} \tag{E.12}$$

当式（E.12）中的所有其他数据都可以确定或测量后，那么则可以得出 R_c。

E3.2 单位线峰值计算

单位线峰值流量 q_p 采用斯奈德经验综合单位线法（SUH）或地貌单位线法（GUH）计算。

（1）斯奈德单位线。

在斯奈德单位线模型中，选择响应时间（t_p）、洪峰流量（U_p）作为单位线特征，如图 E.1 所示。

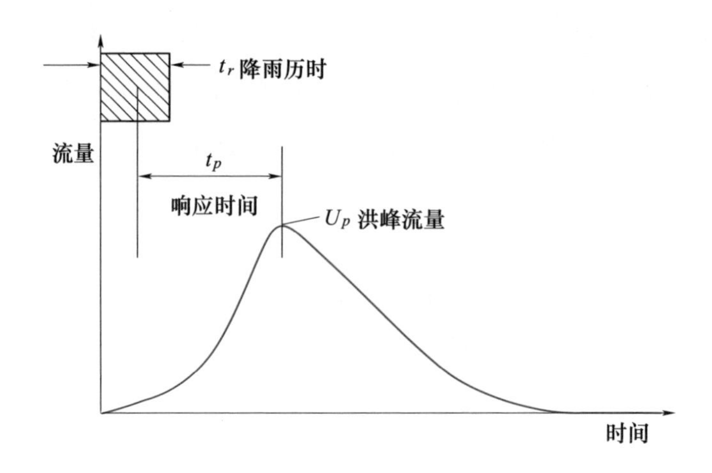

图 E.1 斯奈德单位线特征参数

响应时间（t_p）利用下式计算：

$$t_{pR}=t_p-\frac{t_r-t_R}{4} \tag{E.13}$$

式中：t_R 为单位线历时；t_r 为降雨历时；t_{pR} 为响应时间。

单位面积的洪峰流量与响应时间存在以下关系：

$$\frac{U_p}{A}=C\frac{C_p}{t_p} \tag{E.14}$$

式中：U_p 为单位线洪峰；A 为流域面积；C_p 为单位线洪峰系数；C 为单位转换系数（国际单位制为 2.75，英制为 640）。

（2）瞬时地貌单位线。

基于 Rodriguez－Iturbe 和 Valdes 等人提出的方法，瞬时地貌单位线（GIUH）峰值 q_p 用如下方法计算：

$$q_p=\frac{0.871}{\prod_{\mathrm{i}}^{0.4}} \tag{E.15}$$

$$\prod_{\mathrm{i}}=\frac{L_{\mathrm{i}}^{2.5}}{iAR_L\alpha^{1.5}} \tag{E.16}$$

$$\alpha=\frac{S_c^{0.5}}{nB^{\frac{2}{3}}} \tag{E.17}$$

$$t_p = 0.585 \prod_{i}^{0.4} \quad (E.18)$$

式中：t_p 为峰现时间；其余符号意义同前。

参考文献

[1] BHUNYA P K，BERNDTSSON R，OJHA C S P，et al. Suitability of Gamma，Chi - square，Weibull，and Beta distributions as synthetic unit hydrographs [J]. Journal of Hydrology，2007，334 (1)：28 - 38.

[2] CLARK R A，GOURLEY J J，FLAMIG Z L，et al. CONUS - Wide Evaluation of National Weather Service Flash Flood Guidance Products [J]. Weather & Forecasting，2014，29 (2)：377 - 392.

[3] RODRÍGUEZ - ITURBE I，VALDÉS J B. The geomorphologic structure of hydrologic response [J]. Water Resources Research，1979，15 (6)：1409 - 1420.

[4] RODRIGUEZ - ITURBE I，GUPTA V K. Waymire，Scale considerations in the modeling of temporal rainfall，Water Resource Research [J]，1984，20 (11)：1611 - 1619.

[5] CARPENTER T M，SPERFSLAGE J A，GEORGAKAKOS K P，et al. National threshold runoff estimation utilizing GIS in support of operational flash flood warning systems [J]. Journal of Hydrology，1999，224 (1 - 2)：21 - 44.

[6] CHOW V T，MAIDMENT D R，MAYS L W. Applied hydrology [M]. McGraw - Hill，1988.

附录 F

通用预警信息协议*

F1 什么是通用预警信息协议

各类事件的预警信息能及时准确的发布到灾害影响区域的公众，提供时间供公众提前防范和应对，则会大大减少损失。当前，多灾种预警信息的数据格式正在世界范围内实现标准化。2004 年，通用预警信息协议（CAP）作为国际标准获得通过，并在 2007 年成为国际电信联盟建议书。随着 CAP 迅速推广和不断发展，CAP 已在美国，加拿大，意大利，日本等超过 10 个国家，50 多个政府机构或组织得到了应用。

CAP 是开放式、不受所有权限制的，基于可扩展标记语言（XML）文本的数据信息交换格式，它适用于各种预警信息，是目前国际通用的灾害预警信息的标准格式。该协议已被国际电信联盟在 X.1303 标准中采纳，目前已发展到 1.2 版本。CAP 把各种预警信息发布源和各个发布手段相连，避免了各个发布手段信息格式的混乱。

---

* 原著没有此部分内容，为使读者了解标准的预警信息信息通信协议，译者综合其他资料提供了本部分内容。

F2 格式

每个CAP信息包含一个〈警报〉元素，〈警报〉元素可以包含一个或多个〈信息〉元素，每个〈信息〉元素又可以包含一个或多个〈空间〉元素和/或〈附件〉元素，见图F.1。

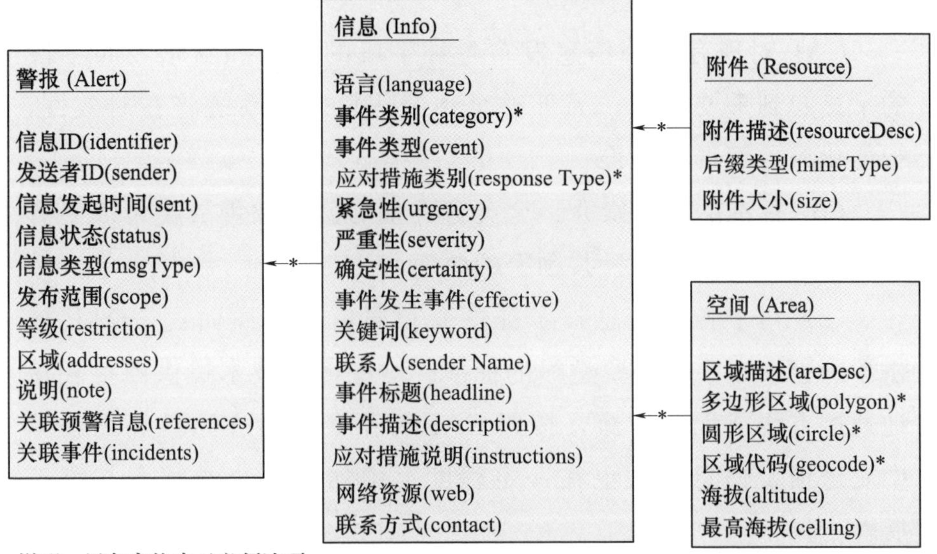

图F.1 CAP协议元素

〈警报〉元素：提供当前预警信息的基本描述。包括目的、来源、状态、信息标识码以及与相关消息之间的链接。〈警报〉元素在用于确认，取消等系统功能时，可以单独使用，其他情况至少包括一个〈信息〉元素。

〈信息〉元素：对一个预期或已实际发生的突发事件，提供有关紧急性、严重性以及可靠性的描述。并提供事件类别、文字描述等内容。〈信息〉元素还可以为信息接收者提供应对措施指导和其他细节信息。

〈附件〉元素：提供和〈信息〉元素相关的附加信息，例如数字图像或音频文件。

〈空间〉元素：标示信息发布的地理区域。

F3 重要性

CAP对现有预警信息发布各种手段的整合和新增发布手段的承接起到重要作用，另外整个预警信息发布系统将在时效性，智能化等方面得到改善。

（1）标准的、全媒介、全灾害类型的公共预警战略可以更有效地利用资金并提高公共预警的效率。

（2）对于各种信息技术提供商和通信运营商而言，CAP提供了预警发布手段需要遵循的标准。这些信息技术提供商可轻易地通过有线或无线方式，按照CAP标准，支持在这些新旧技术中发送预警信息，这也在一定程度上增加了系统的冗余与可扩展性。

（3）在发布时效性和操作简便性方面，CAP允许发送人用一次输入激活多个预警系统。一次输入降低了成本以及通知多个预警系统的复杂程度，一次单一的输入还可以确保通过多个系统传送信息的一致性。

（4）对于预警信息的管理人员，CAP允许源自各种发布手段的预警信息用表格或图表的形式加以编辑，作为情况信息和模式检测的辅助。当大量采用CAP时，管理人员将可以监测任何时刻本地、区域或全国各种预警的全局情况。

参考文献

https：//docs. oasis－open. org/emergency/cap/v1. 2/CAP－v1. 2－os. pdf

译后记

译者于2012年获得了美国大学大气研究联合会的版权翻译许可，但由于林林总总的原因拖延，直至2017年冬天发力冲刺，2018年上半年校对修改，历经5年半，译者才在2018年把美国在2010年出版的“较新、较全面”的研究成果介绍给大家，也算是对所有关心和帮助我们完成书稿翻译的诸君有了一个交代。

作为长期从事山洪灾害防治的一员，在翻译的过程中，免不了对美国同行的工作做一点比较，进行一些述评，美国（或欧洲、日本）有何先进经验值得我们借鉴？我国的山洪灾害防治工作比美国如何？诸如一些问题油然而生。全书译完，译者乐意将自身的一些浅显的体会和的见解与读者分享：

（1）毫无疑问，美国的山洪灾害预警预报起步较早，现在已发展至世界先进的水平。美国于20世纪70年代创建了局地自动实时评估（ALERT）系统，也就是我国2076个县完成建设的实时监测预警系统的前身；2001年，美国国家强风暴实验室（National Severe Storms Laboratory）对美国全国的小流域进行了划分，划分的流域最小面积为4mi^2（约为10.36km^2），提取了17项属性。20世纪90年代，美国NOAA研发了山洪指导系统（FFGS），2003年美国海洋和大气管理局（NOAA）的Ostrowski团队进一步发展完善该系统：采用多普勒雷达对降雨监测和预报，结合考虑土壤湿度状况山洪指导值确定山洪发生的可能性，发布不同级别的预警产品。根据 2009 年的统计，美国 FFGS 对山洪事件的命中率达到了 91%，平均预见期为 64min。基于这套思路和卫星应用的优势，美国把 FFGS 推广到中美洲、东南亚等一些国家。近年来，美国研制的基于分布式水文模型的山洪预报系统也已取得很大进展。

（2）根据全国山洪灾害防治项目总结评估报告[1]，山洪灾害防治重要性是随着经济社会发展而逐渐凸显的。随着社会经济的发展和大江大河治理体系的完成，山洪灾害防治成为防洪减灾一个关键的薄弱环节。进入 21 世纪，我国山洪灾害防治也得到前所未有的重视，防治工作有了很大进展。迄今为止，中国山洪灾害防治共经历了规划编制（2002—2006 年）、试点探索（2006—2009 年）、项目建设（2010 年至今）三个时期。在项目建设期间，又可划分为三个阶段（2010—2012 年、2013—2015 年、2016 年至今）。各个阶段有不同的建设重点，但都遵循了“以人为本，以防为主，防治结合，试点先行，急用先建”的总体思路和“以非工程措施为主，非工程措施与工程措施相结合，群测群防体系与专业的监测预警系统相结合”的技术路线。实践证明，我国山洪灾害防治的总体思路和技术路线立足于我国山洪灾害特点、防治现状和现阶段国情，符合山洪灾害防治的规律，符合我国现阶段减灾的需求和发展目标。近年来，中国水利水电科学研究院山洪研究团队在山洪灾害分布规律与风险区划、小流域暴雨洪水规律、山洪灾害动态预警指标、国家级山洪灾害预报预警平台、群测群防组织动员模式等方面取得了多项突破。中美两国国土面积接近，年平均降雨量也接近，但中国山区面积是美国的 2

[1] 中国水利水电科学研究院，中国科学院成都山地灾害与环境研究所．全国山洪灾害防治项目（2010—2015 年）总结评估报告［M］.2016. 北京．

倍（中国 662 万 km^2、美国 327 万 km^2），受山洪威胁人口是美国的 10 倍（中国 3 亿人，美国 0.3 亿人）❶。美国 2007—2015 年因山洪死亡（不含失踪）278 人，年均 35 人。中国自开展项目建设以来的 7 年（2011—2017 年）因山洪（仅包括溪河洪水，不含泥石流、滑坡）死亡（不含失踪）583 人，年均 83 人，中国仅是美国的 2.4 倍。与历史不同阶段比较，中国 2011—2017 年以来的因山洪灾害死亡人数较上一个十年（2001—2010 年）下降达 63%。

（3）他山之石，可以攻玉。借鉴国际经验，共同攻克山洪这一最“致命”的自然灾害，这也是本书翻译的目的。从译者的角度，总结的并不全面的国际（美国、欧洲、日本）山洪灾害预报预警的共识或经验有：①江河水文预报和山洪预警有显著不同，相比江河洪水预报，山洪预报预警的预见期短、不确定因素多，局地情况影响大，属于气象水文问题；②为实现局部致灾强降雨和突发山洪的准确捕捉和预警，需要高时间、空间分辨率的雨水情监测信息，除了常规地面雨水情监测站网、卫星监测和并加密信息采集和报送频次，并实现多部门信息共享之外，大力建设雷达网络和发展雷达应用技术成为近期和将来一段时间的趋势；③山洪预警关注山洪是否发生（0/1），不对洪峰、洪量、历时等精度做要求，因此，大部分山洪预警可定位于检测或识别（Detect），在众多小流域或保护对象中，检测山洪发生的可能性，一般将监测（或预报）的数据与预警指标进行比较，接近或超过预警指标时发布预警信息。随着分布式水文模型发展，特别是无水文资料地区模拟技术的进步，基于模型预报发布预警的方法正

❶ 魏丽，胡凯衡．我国与美国、日本山洪灾害现状及防治对比［J］．人民长江．2018（2）：29－33.

得到快速发展和应用；④由于山洪具有破坏性大、冲击力强的特点，因此要高度重视预警系统的冗余性，确保在电力中断、网络中断等极端条件下正常运行，冗余性体现在监测站点、监测信息传输、预警平台供电和通信、预警信息发布设备等方面；⑤山洪预警的不确定性主要来源于三个方面：一是引发山洪的强降雨出现的位置和时间难以精确预报，二是无水文资料地区的降雨-洪水响应机制应难以精准刻画，三是山洪流量-水位-灾害的关系受局地的泥沙、流木、桥梁、河床形态等条件影响剧烈，而山洪预警是属于典型的“端到端”（End to End）性质的业务，对预见期和预警范围有强烈的需求，为此国际上普遍采用渐进式的预警产品（Ready，Set，Go）发布方案，做出预见期、不确定性和预警范围之间的平衡，基于定量或趋势降雨预报，生成低级别的预警产品，预见期较长、不确定性大、预警范围较大、表达山洪发生的可能性，用以提醒受众做好响应准备并规避山洪风险；综合短临降雨预报和实时监测信息（实时雨强和水位），生成高级别的预警产品，预见期较短、不确定性小、预警范围更加精细、表达山洪发生的确定性，要求受众立即转移避险；⑥预警信息应具有可读性，使受众能够理解并做出正确行动。应考虑建立包括推送（PUSH）和关注（PULL）的多种渠道快速发布传递山洪预警信息，建立并维持预警中心与受众之间的伙伴联系，同时需要建立反复确认机制以确保预警信息传达到特定的组织或人群。同时还应该长期开展建立防洪意识的宣传教育活动，不同的人群需要差异化宣传、教育方法和差异化预警信息解读，地方官员和普通群众需要了解山洪的成因、危险、预警系统以及应对突发状况的方法。此外，还需要了解和考虑山洪预报预警的不确定性。有可能的话，各个区域的山洪风险指数可作为当地政府或群众宣传教育的基础资料。

(4) 了解掌握国际山洪灾害防治现状和趋势后，译者及其团队进一步坚定了信心，明晰了山洪灾害防治科研实践的方向：①在机理研究方面，深入研究缺水文资料山丘区小流域产汇流非线性特征、产汇流关键因子辨识量化及参数区域化方法，揭示小流域产汇流非线性规律；②在监测方面，构建形成包括卫星、雷达、地面监测站的多源多要素的山洪灾害监测体系，重点研究X波段测雨雷达数据处理和应用技术；③在预警确定指标方面，选取土壤类型、植被覆盖率、地形指数等反映下垫面条件的指标代表孕灾环境，短历时雨强代表致灾因子，揭示山洪影响因素的空间变化特征，构建适用于不同气候类型与下垫面特征的成灾暴雨阈值确定方法库；④在预警方面，大力发展国家级、省级、地市级山洪灾害气象预警业务，研发适用不同层级、尺度、预见期的气象预警模型和产品，探索建立山洪灾害气象预警业务的评估和反馈机制，与目前基于落地雨实时监测预警的方式结合，形成不同预见期、不同精准度、不同适用条件的综合预警模式；⑤在社区灾害管理和预警信息传播方面，发展和固化具有显著中国特色的群测群防组织动员范式，广泛开展反映地域特点和受众人群差异化的宣传教育，研发更具可靠性和受众认可度高的简易监测预警设施设备，建立人防和技防结合的自主防灾示范社区（村组），设计具有自反馈功能的预警信息发布传播渠道和考虑受众认知水平的预警产品标准格式。

最后，在此译著付梓之际，译者再次感谢关心、支持本书翻译的领导、专家、同事。希望各位读者能对本书提出宝贵意见，与译者共同讨论、分享。

译者

2018年6月于北京